19,50

Sabina Pilguj
Weisheiten aus der Natur

Verlag Via Nova

Sabina Pilguj

Weisheiten aus der Natur

Botschaften
der Bäumen, Pflanzen
und Blumen

via nova
Verlag Via Nova

Die Angaben zu den Pflanzen erheben keinerlei Anspruch auf Richtigkeit und Vollständigkeit. Als Autorin dieser Botschaften habe ich aufgeschrieben, was mir vertraut ist und wie ich die Natur sehe. Es ist meine persönliche (Lebens-) Einstellung. Trotz ausführlicher Recherchen gibt es bei allen Dingen des Lebens nur eine relative und keine absolute Wahrheit. Ich bin sehr pflanzenverbunden, aber keine Biologin, Heilpraktikerin oder Baumschulexpertin.

Die dementsprechenden Quellen der Fachinformationen zu den Bäumen und Pflanzen habe ich im Literaturhinweis aufgeführt. Für Inhalte Dritter übernehme ich keinerlei Verantwortung. Des Weiteren habe ich viele Gespräche mit Baum- und Pflanzenexperten persönlich geführt, um mein Wissen zu erweitern und es in dieses Buch einfließen zu lassen.

Für das Finden von speziellen Baumstandorten habe ich als Quelle das Internet verwandt, einige Orte habe ich persönlich aufgesucht, um die Bäume oder Pflanzen in ihrem Lebensraum zu besuchen.

Weitere Tipps zu Anwendungen der Heilkräuter finden Sie bitte in entsprechender Fachliteratur oder im Internet. Ich wende selbst einige Kräuter für meinen Hausgebrauch an, bin aber keine Heilpflanzenkundige und gebe daher keine weiteren Tipps.

1. Auflage 2013

Verlag Via Nova, Alte Landstr. 12, 36100 Petersberg

Telefon: (06 61) 6 29 73

Fax: (06 61) 96 79 560

E-Mail: info@verlag-vianova.de

Internet: www.verlag-vianova.de / www.transpersonale.de

Umschlaggestaltung: Guter Punkt, München

Satz: Sebastian Carl

Druck und Verarbeitung: Appel und Klinger, 96277 Schneckenlohe

ISBN 978-3-86616-269-3

*Ich widme dieses Buch
einer wundervollen Frau: Elisabeth
und den Wundern der Natur und Mutter Erde,
die wie eine beschützende Mutter für mich ist,
sowie allen Menschen, Tieren und Pflanzen,
die so wertvolle Lehrmeister für mein Leben
waren, sind und sein werden.*

Inhaltsverzeichnis

Anmerkung: Die Botschaften sind nicht jahreszeitlich geordnet, sie sollen zu jeder Zeit Freude am Lesen bereiten.

Vorwort

Schon als Kind gab es für mich nichts Spannenderes, als in der Natur zu sein. Ich wollte immer nach draußen, egal ob Sommer oder Winter. Meine Kindheit habe ich in guter Erinnerung, wahrscheinlich weil ich sehr naturverbunden aufgewachsen bin und so viel Freiheit erfahren konnte. Eine besondere Affinität habe ich zu einigen Baumarten, wie beispielsweise Eichen und Buchen. Vielleicht, weil mein Elternhaus am Rande eines kleinen Mischwaldes lag und dieses Wäldchen sowie die nahen Felder unser „Spielareal" waren. Dort habe ich viele Stunden mit Freunden verbracht und ständig sind uns neue Abenteuerspiele eingefallen. In unserer Freizeit waren wir überwiegend in der Natur.

Einige Bäume, die mir schon in meinen Kindertagen aufgefallen sind, stehen heute noch dort. Ich besuche sie gerne und erinnere mich an meine unbeschwerte Kindheit. Die eine Buche war immer etwas Besonderes. Nicht nur wegen ihrer Größe, sondern sie wurde früher von Jugendlichen mit vielen Herzen und Botschaften in ihrer Rinde verziert. Sie steht noch immer da und ist ein kerngesunder, kräftiger Baum.

Wir Kinder wussten auch, wo die größten Kastanienbäume wuchsen, und im Herbst bauten wir aus Eicheln, Kastanien und Bucheckern tolle kleine Kunstwerke.

Ich bin in einem Mehrgenerationenhaus mit Oma und Opa aufgewachsen. Es war ein großes Stadthaus, jedoch mit wenig Grünfläche. Ein großer Kirschbaum, eine Glaskirsche, wuchs hinten am Haus. Waren die Kirschen reif, so zog mich der Baum mit seinen süßen Früchten an und ich suchte mir ein schattiges Plätzchen im Baum. Ich liebte es, auf Bäume zu klettern.

Mein Opa hatte einen großen Garten, auf einem eigenen Grundstück, etwas entfernt von unserem Haus. Dort war sein (und mein) kleines Paradies. Als ich endlich ohne Stützräder Fahrrad fahren konnte, durfte ich meinen Opa mit dem Fahrrad in „den Garten" begleiten. Für mich war es immer ein großes Ereignis, mit ihm dorthin zu fahren – egal, wie das Wetter gerade war. Er legte dort ein paar Spargelreihen und baute Kartoffeln an, säte Blumen aller Art und pflegte seine Apfel-, Birnen-, Kirsch- und Pflaumenbäume. Ich kletterte immer voller Abenteuerlust in die Bäume, um mir die süßesten Früchte zu pflücken. Süß schmeckten auch die Erdbeeren, die Stachelbeeren und die Himbeeren, die ich direkt von den Pflanzen pflücken und genießen konnte. Beim Erbsenpflücken landeten ein paar frische Erbsen gleich in meinem Mund. Welches Kind kommt heute noch in den Genuss, frische Erbsen zu essen? Auch viele verschiedene Bohnensorten waren im Garten, aber diese zu pflücken fand ich nicht besonders spannend.

Mein Opa war ein sehr naturverbundener Mann mit einer besonderen Gabe. Er bohrte mit einem sogenannten „Dreibein" nach Grundwasser für die Gartenbewässerung. Er konnte aus der Natur lesen, wo es Sinn machte, nach Grundwasser zu bohren. Trotz seines hohen Alters war er sehr aktiv und immer beschäftigt. Er half manchmal einem Freund auf seinem Bauernhof, und solange ich zurückdenken kann, holte meine Oma dort jeden zweiten Morgen frische Milch. Ich fuhr nur zu gerne mit ihr dorthin. Ich war immer begeistert von den Kühen, Pferden und Hühnern. Besonders süß fand ich die kleinen Kälbchen und Küken. Tiere zogen mich schon immer in ihren Bann, ich fühlte mich ihnen sehr verbunden, wie auch der Natur.

Als ich Anfang zwanzig meinen Mann kennenlernte, haben wir natürlich altersgemäß eine Partyzeit erlebt, aber genauso wichtig waren uns die Spaziergänge in der Natur. Uns zog es regelmäßig hinaus in die Heidelandschaft zum Wandern, wir entdeckten ganz verzauberte Wälder oder genossen es, uns den Wind in den Dünenlandschaften der Ost – oder Nordsee um die Nase wehen zu lassen.

In unserer ersten gemeinsamen Wohnung hatten wir nicht einmal einen Balkon, aber dafür außergewöhnliche Pflanzen in all unseren Räumen. Nach einem Umzug verwandelten wir dann unseren kleinen Balkon nicht nur in ein Katzenparadies, sondern auch in eine kleine grüne Oase, sogar mit einem Apfelbaum in einem Blumenkübel.

Die Sehnsucht nach einem eigenen Garten zog uns in ein neues Heim. Ich erinnere mich noch sehr gerne an die Zeit zurück, als wir dann in unserem kleinen Doppelhaus den ersten eigenen Garten angelegt haben. Es gab dort auf dem Boden kein einziges Pflänzchen, aber innerhalb von ein paar Jahren ist es ein kleines Gartenparadies geworden. Mein Mann hat als begeisterter Baumliebhaber dort ganz besondere Bäume gepflanzt und an unserer Hausseite wuchs ein Urwelt-Mammutbaum. Er wurde als winziges Bäumchen gepflanzt, und als wir uns für einen weiteren Umzug entschieden haben, war er bereits 5 m hoch. Der Baum war einfach majestätisch und wunderschön und unser ganzer Stolz. Wir wollten unseren Mammutbaum beim Umzug so gerne mitnehmen. Es gelang uns, all die anderen Bäume unter großen Mühen auszugraben – nur der Mammutbaum ließ sich nicht ausgraben. Das Wurzelwerk war einfach schon zu groß. Traurig verabschiedeten wir uns von unserem kleinen „Giganten". Er sollte lieber in Ruhe wachsen, als Gefahr zu laufen, dass wir sein Wurzelgeflecht zu sehr kappen und er dabei eingehen könnte. Mit einem beruhigten Gefühl sind wir dann umgezogen.

Als wir nach ein paar Monaten an unserem alten Haus vorbeigefahren sind, stockte uns fast der Atem! Der neue Besitzer hatte „unseren Mammutbaum" (es war ja nicht mehr unser) einfach abgeholzt! Wahrscheinlich hielt er den Baum für so eine „gewöhnliche Lärche" und hat sie deshalb abgesägt. Wir waren richtig geschockt und sehr traurig. Durch Zufall und beinah wie ein kleines „Trostpflaster" entdeckten wir einen winzig kleinen, immergrünen Mammutbaum. Ein Mammutbaum in adäquater Größe war für uns damals kaum bezahlbar. Den Mini-Mammutbaum haben wir mit viel Liebe auf unserem Grundstück gepflanzt und all die Jahre liebevoll umsorgt. Heute, nach fast 1o Jahren, haben wir nun einen echten „Giganten" in unserem Garten.

Eins ist sicher: Sollten wir noch einmal umziehen, werden wir den Teil des Grundstückes, auf dem der Mammutbaum steht, sicherlich nicht verkaufen. Dieser Teil der Erde ist das Zuhause des Mammutbaumes, und so soll es auch bleiben.

Die Naturverbundenheit ist ein wichtiges Verbindungsglied in unserer Partnerschaft geworden. Hier finden wir Zeit und Raum für bewegende Gespräche, um Kraft zu tanken oder spannende Dinge zu entdecken. Egal, wo wir Urlaub gemacht haben, es hat uns dort immer in die Natur, abseits des Massentourismus, gezogen.

Die Natur bereichert mein Leben und alles in der Natur- und Tierwelt sehe ich als meine täglichen Lehrmeister.

Sabina

Die Gedanken meines Partners mit seiner Naturverbundenheit möchte ich in mein Vorwort einfließen lassen:

„Ich denke, Plätze und Besonderheiten in der Natur oder im eigenen Garten kann jeder entdecken, der sich vielleicht ein wenig Zeit nimmt und manche Dinge, die alltäglich geworden sind oder an denen man jeden Tag achtlos vorbeigeht, einfach mal genauer anschaut und auf sich wirken lässt.
Es muss nicht immer ein spektakuläres Bergpanorama oder der Strand unter Palmen in der Karibik sein. Manch kleine Blume am Wegesrand, Gräser, die sich im Wind wiegen, oder ein imposanter Baum an der Straße oder im nahegelegenen Wald können genauso magisch und anziehend wirken.

Für mich ist nicht nur die Arbeit im Garten ein guter Ausgleich zum Berufsalltag. Es ist viel mehr! Man sät ein Korn oder pflanzt einen Baum und kann das Ergebnis seiner Mühen wachsen sehen und sich daran erfreuen. Genauso lernt man hier Verantwortung tragen. Den Baum z. B. muss ich gießen und vielleicht im Frühjahr oder Herbst beschneiden.
Für Kinder eine wertvolle Erfahrung, wenn sie ihren eigenen Baum pflanzen und das Wachstum und den Wandel im Laufe der Jahreszeiten miterleben

dürfen. Hierdurch entwickelt sich meiner Ansicht nach eine viel größere und engere Beziehung zur Natur, nämlich der vor der Haustür, als wenn man sich Tier- und Pflanzenbücher aus fremden Ländern anschaut. Dies soll nicht heißen, dass auch das lehrreich und interessant ist.

Oft habe ich mir die Frage gestellt, warum einige wunderschöne Pflanzen als „Unkraut" bezeichnet und mit Pflanzenschutzmitteln vernichtet werden. Bei genauer Betrachtung haben viele von ihnen Besonderheiten, die selbst eine gezüchtete Orchidee erblassen lassen.

Nehmen wir uns die Zeit und lassen die schönen Dinge, die eigentlich so nah sind und nur entdeckt werden müssen, auf uns wirken. Gehen wir mit „offenen" Augen durchs Leben, entdecken wir vielleicht viele kleine Wunder, an denen wir vorher vorbeigelaufen sind."

Frank

Zartes Tausendschön (Gänseblümchen)

„...und jedem Anfang wohnt ein Zauber inne..."
HERMANN HESSE

Von solch einem Zauber wurden wir Kinder alle einmal berührt, wenn wir in unbeschwerten Kindertagen voller Freude die ersten Wiesenblumen gepflückt haben: das Gänseblümchen und den Löwenzahn.

Wer hat nicht als Kind diese wunderschönen Frühlingsblumen gepflückt, um dann ein kleines Sträußchen zu verschenken oder sich einen Blumenkranz ins Haar zu stecken. Diese zarten Blumen, beinah nur für Kinderhand erschaffen, waren für mich immer der Beginn des Sommers, obwohl es eine Frühlingsblume ist. Erinnern wir uns, wie wir das Gänseblümchen als Orakel für unseren Schwarm befragt haben, indem wir einzelne Blütenblätter abgezupft haben und dabei fragten: „Er liebt mich, er liebt mich nicht?". Gänseblümchen sind nicht nur eine bewegende Erinnerung an unsere Kindertage, sondern berühren mit ihrer zarten Schönheit auch uns Erwachsene noch immer.

Das Gänseblümchen (Bellis perennis) wird auch „Mehrjähriges Gänseblümchen", Tausendschön, Maßliebchen oder schweizerisch „Margritli" (Kleine Margerite) genannt. Das Gänseblümchen ist eine Pflanzenart aus der Familie der Korbblütler (Asteraceae) und eine mehrjährige Pflanze mit einer Wuchshöhe bis zu 10 cm. Am kurzen Rhizom befinden sich faserige Wurzeln. Die Blätter wachsen in einer dichten Blattrosette. Jede Blattrosette bringt von März bis Oktober ununterbrochen einzelne, gestielte Blütenkörbchen hervor. Was für den Laien wie eine wunderschöne Blüte aussieht, ist tatsächlich eine sogenannten Scheinblüte. Es handelt sich um einen körbchenförmigen Blütenstand, bestehend aus vielen Einzelblüten mit weißen Strahlenblüten.

Das Blütenkörbchen des Gänseblümchens folgt der Sonne von Ost nach West und schließt sich abends sowie bei schlechtem Wetter. Die Blüten werden u.a. liebend gern von Bienen und Hummeln besucht. Diese so zart und fragil wirkenden Blümchen haben sich nahezu auf der ganzen Erde verbreitet. Die kleinen Schönheiten sind beinah überall zu finden, so dass auch die Stadtkinder von ihnen entzückt sind. Gänseblümchen blühen fast zu jeder Jahreszeit und im letzten Winter konnte ich diese sogar bei Frost und leichtem Schnee in ihrer zarten, weißen Schönheit bewundern. Ein Gänseblümchen im Winter zu sehen war für mich etwas ganz Besonderes. Sie scheinen dem eisigen Frost zu trotzen und sogar bei uns im Garten macht ihnen die große Hitze im Sommer nichts aus. Sie wirken so zart, aber in ihrem Inneren sind sie stark, äußerst robust, widerstandsfähig und kraftvoll.

Das Gänseblümchen soll zu königlichem Ruhm gekommen sein, als es vom französischen König Ludwig IX. (1214-1270) zusammen mit der Lilie in sein Wappen aufgenommen wurde.

Der Dichter Hans Christian Anders (1805-1875) hat sich in seiner Geschichte „Das Gänseblümchen" dem besonderen Blümchen gewidmet. Der Abdruck an dieser Stelle wäre etwas zu lang. Wer sich für diese Zeilen interessiert, kann den Text auch im Internet finden.

Gänseblümchen sind essbar und eine dekorative Beigabe im Salat. Sie ist eine wichtige Heilpflanze in der sogenannten „Blütenapotheke" und soll den Stoffwechsel anregen. In der Pflanzenheilkunde findet man eine Vielseitigkeit in der Anwendung dieser kleinen Pflanze.

Die Gänseblümchen erinnern uns an die Leichtigkeit und die Lebensfreude unserer unbeschwerten Kindertage. So winzig klein und unscheinbar sie auch wirken mögen, ihre Ausstrahlung und Wirkung ist unbeschreiblich groß. Sie berühren uns mit ihrer zarten Schönheit, schenken uns Freude und erwecken ein Glücksgefühl. Vorausgesetzt, man nimmt sie wahr.

Die Blume wirkt zart und bescheiden, beinah zerbrechlich, aber dennoch stellt sie sich allen harten Anforderungen des Lebens und scheint allen Widrigkeiten zu trotzen. So zart und zerbrechlich sie auch wirken mag, erweckt sie den Eindruck eines starken Lebens- und Überlebenswillens und eines großen Vertrauens in sich selber. Oftmals wird das Gänseblümchen einfach unsanft plattgetreten, doch es richtet sich immer wieder auf.

Diese innere Stärke und Robustheit schien auch Erich Kästner in seinen Zeilen „Das Gänseblümchen" ausdrücken zu wollen: *„Wer wagt es, sich den donnernden Zügen des Lebens entgegenzustellen? Die kleinen Blumen zwischen den Eisenbahnschwellen!"*

Dieses kleine, zarte Blümchen zeigt uns seine innere Stärke und sein Selbstvertrauen – es nimmt die Herausforderungen des Lebens an. Probleme sind ja eigentlich „nur" Herausforderungen und Aufgaben, die das Leben uns stellt. Es ist auch immer eine Sache des Betrachters, daran zu verzweifeln oder diese anzunehmen und zu lösen. Manchmal scheint eine Situation so schwierig und verfahren zu sein, dass man kaum einen Ausweg weiß und beinah am Verzweifeln ist.

Es ist wichtig, zuversichtlich zu bleiben und vertrauensvoll jede Herausforderung mutig anzunehmen und es mit ihr aufzunehmen. Einige Zeit später kann man meistens darüber lächeln und weiß, dass das Leben uns eine Lektion gelehrt hat. Man durfte daran lernen, wachsen, reifen und sein Selbstbewussten stärken.

Die Botschaft des Gänseblümchens lehrt uns, sich nicht klein, unscheinbar und schwach zu fühlen, sondern vertrauensvoll die innere Stärke und Zuversicht zu aktivieren, sich immer wieder neu aufzurichten und dem Leben voller Optimismus zu begegnen. Vom Leben lernen wir, das Leben voller Begeisterung mit all unserer inneren (Lebens-)Kraft zu leben.

Optimismus

Mut und Entschlossenheit

Die Natur lehrt uns, immer wieder alle (Lebens-)Umstände anzunehmen und sich den Herausforderungen des Lebens zu stellen. Dies bedarf allerdings des Mutes, der Entschlossenheit und Zuversicht.

Nicht nur das Gänseblümchen lehrt uns diesen starken Lebenswillen, sondern wir können einige weitere bildhafte Botschaften in der Natur entdecken.

Würde die Pflanze bzw. der Baum auf Seite 17 resignieren oder sich aufgegeben haben, wäre er sicherlich schon eingegangen. Er hat die Situation angenommen und all seine Lebensenergie und seinen Lebenswillen eingesetzt, um den „harten" Widerständen zu trotzen. Der Baum hat die Metallteile nicht als Begrenzung und Einengung angesehen, sondern hat diesen „Fremdkörper" akzeptiert und angenommen. Er hat für sich eine Lösung gefunden, um weiter zu wachsen und zu leben.

In unserem Leben begegnen uns immer wieder neue Herausforderungen.
Wir haben die Wahl:
a) zu resignieren, zu verzweifeln und uns aufzugeben
oder
b) die Umstände oder Situationen anzunehmen, sich mutig und voller
Zuversicht den Herausforderungen zu stellen, um eine Lösung zu finden – und glücklich weiter zu leben.

„Nichts ist entspannender,
als das anzunehmen, was kommt."
DALAI LAMA

 Die Bäume und Pflanzen lehren uns, sich voller Mut, Entschlossenheit, innerer Stärke und Zuversicht den Herausforderungen des Lebens zu stellen und für alle Schwierigkeiten eine Lösung zu finden, um glücklich (weiter) zu leben.

Entschlossenheit

Aufblühen

Blumen leben im Einklang mit der Natur und es liegt in ihrem Ermessen und ihrer Wachstumsphase, wann sie sich entfalten und blühen. Die Blume kennt keine Hektik oder Stress, sie hat ihre eigene Zeit und weiß genau, wann sie ihre Blüte in voller Schönheit zeigt.

Die Natur lebt uns vor, dass es eine Art „Naturbalance" und für jede Lebensphase einen eigenen Zeitpunkt gibt. Sie scheint in sich zu ruhen und mit sich im Einklang zu sein. Die Menschen dagegen verlieren manchmal das innere Gleichgewicht (die innere Balance), wenn sie sich von der Hektik des Alltags überrumpeln lassen, viele Dinge auf einmal tun und so eine erhöhte Stresshormonausschüttung erfahren. Sie bekommen manchmal einen gehetzten Blick und eine angespannte Körperhaltung. Die Menschen fühlen sich unwohl und gestresst. Die innere Harmonie ist aus dem Gleichgewicht.

Ein gestresster Mensch hat keine freudige Ausstrahlung. Verspannungen sorgen für ein Gefühl der körperlichen Enge und Verkrampfung. Fühlt man sich unwohl, ist es an der Zeit, sich wieder zu entspannen, um innerlich und äußerlich „aufzublühen".

19

Dies können wir, wenn wir für einen Moment innehalten, um die Seele baumeln zu lassen. Uns eine Pause – eine Atempause nehmen. Einfach für einen Moment an nichts denken und sich voller Achtsamkeit ausschließlich auf die Atmung konzentrieren.

Die Gedanken des Alltags loslassen, tief durchatmen und entspannen...
Stressbedingt kann die Atmung flach werden und der Körper wird weniger gut mit Sauerstoff versorgt.

Eine schöpferische (Atem-) Pause regeneriert unseren Körper und unsere Gedanken.

Bewusst zu atmen heißt auch, bewusst zu leben. Einfach nur zu atmen, innere Ruhe und Entspannung spüren, die Lebenskraft von „Mutter Erde" aufsaugen und wieder Freude und innere Leichtigkeit gewinnen.

Wer sich täglich eine Aus-Zeit, eine Atem-Pause nimmt, findet auch genügend Kraft und Energie für den Tag.

Die Natur erinnert uns daran, sich Zeit zu nehmen und innezuhalten. Die Seele einfach einmal baumeln lassen, entspannt und achtsam atmen – bringt uns in Balance und lässt uns wieder innerlich und äußerlich strahlen.
Entspannung lässt die innere Harmonie „aufblühen", wir dürfen erblühen und voller Lebensfreude strahlen.

Harmonie

Ein Gigant (Mammutbaum)

„Suchst du das Höchste, das Größte?
Die Pflanze kann es dich lehren."
FRIEDRICH SCHILLER

Der Mammutbaum (lat. Sequoioideae) gehört zur Pflanzenfamilie der Zypressengewächse.

Es werden generell drei Arten unterschieden: der Berg- oder Riesenmammutbaum, der Küstenmammutbaum und der Urweltmammutbaum. Letzterer unterscheidet sich u.a. von den anderen beiden dadurch, dass er seine Nadeln im Winter verliert. Die Nadeln sind ca. 5–8 mm lang und sind meistens in Längsreihen angeordnet. Die Farbe kann hier variieren.

Haupt- bzw. ursprüngliches Verbreitungsgebiet des Riesenmammutbaumes ist die Westküste der USA. Bei dieser Baumart handelt es sich tatsächlich um Riesenlebewesen auf unserem Planeten.

Sie sind mit die größten Baumarten, die über 100 Meter hoch und einen Stammdurchmesser von 4 bis 6 m erreichen können. Bei alten Exemplaren fängt die Baumkrone erst bei 50 m Stammhöhe an.

Der wohl bekannteste Mammutbaum ist der „General Sherman Tree". Sein Alter wird auf etwa 1900 bis 2500 Jahre geschätzt. Er steht im Giant Forest des Sequoia-Nationalparks in Kalifornien/USA.

Er soll einen Umfang von über 31 m haben und fast 85 m hoch sein. Er ist nicht der höchste Baum der Welt, aber der schwerste. Er soll laut Biologen ein Volumen von 1487 m³ haben. Damit stellt er die größte lebende Biomasse eines Lebewesens dar, so schreiben die Mammutbaumexperten. Im Yosemite Nationalpark in Kalifornien steht wohl der älteste Sequoia der Welt, der „Grizzly Giant". Sein Alter wird mit sagenhaften 2.700 Jahre beschrieben. Er hat eine Höhe von 63,8 m und einen beachtlichen Durchmesser von 9,2 m am Boden.

Mammutbäume sind sehr robuste Bäume, sie überstehen Krankheiten, Insektenbefall und sogar Feuer. Ihre bis zu 50 cm dicke Rinde bzw. Borke kann einem Waldbrand standhalten. Dabei fühlt sich die Rinde eines Mammutbaumes eher weich und elastisch an und man kann sie sogar mit den Fingern eindrücken. Die „Feuerresistenz" liegt daran, dass die Rinde einen hohen Gehalt des Bitterstoffes Tannin enthält. Der hohe Anteil von Tannin wirkt wie ein natürliches Konservierungsmittel, auch gegen Insektenplage. Tannin, eine chemische Verbindung, die in der Rinde und dem Holz des Mammutbaumes vorkommt, sorgt für die rötliche Färbung. Daher auch der Name „Redwood" (Rotholz).

Mammutbäume wachsen nur aus Samen. Die Zapfen geben die Samen erst durch äußere Einflüsse frei, manchmal auch durch die Hitze eines Feuers. Dieses Wissen lässt dann auch die Aussage von J.H. Furnas verständlich werden: „Death is a low chemical trick played on everybody except sequoia trees." (Quelle: projekt-mammutbaum.de).

Der Mammutbaum wächst aber nicht nur in Nordamerika, sondern wurde in Europa auch schon sehr früh als Zier- und Parkbaum eingeführt. Ich selbst habe schon ein paar stattliche Exemplare im Schlosspark Bibrich in Wiesbaden, im Bergischen Land und am Züricher See bewundern dürfen. Wer schon einmal vor solch einem imposanten Baum gestanden hat, wird sich immer daran erinnern.

Eine große Überraschung war es, als ich erfuhr, dass es in meiner unmittelbaren Wohnortnähe, in Lüneburg, so einen urzeitlichen Riesen gibt. Er wächst in einer Kleingartenkolonie und sein stolzes Alter wird auf 111 Jahre geschätzt. Sein Stammdurchmesser beträgt ca. 1,50 m und er hat schon eine beachtliche Höhe erreicht.

Mammutbaum Lüneburg

Es ist schon ein sehr besonderes Gefühl, sich an solch einem „lebenden Giganten" anzulehnen.

Da mich schon immer Bäume, insbesondere auch exotische und besondere Baumarten fasziniert haben, wollte ich selbst einen Mammutbaum im Garten pflanzen.

Wie bereits im Vorwort geschrieben, war mein erster Mammutbaum ein Urweltmammutbaum, der leider nach unserem Umzug abgeholzt wurde. Durch Zufall entdeckte ich dann später in einer Gärtnerei zwei immergrüne Riesenmammutbäume (Sequoiadendron giganteum), kümmerlich in einem Topf in einer Ecke stehend. Die Kunden haben die Pflänzchen sicherlich für kleine Tannen gehalten und fanden den Preis dafür weit überhöht. Obwohl ich wusste, welche Ausmaße diese Bäume annehmen können, kaufte ich beide und pflanzte sie in unseren Garten.

Der Mammutbaum ist ein besonderer Lehrmeister für uns Menschen. Er ist ein gutes Beispiel dafür, wie aus einem kleinen Samenkorn in Haferflockengröße ein mächtiger, imposanter „Gigant" werden kann.
Diese Bäume strahlen durch ihre Mächtigkeit, ihr Aussehen, ihre Form und Farbe etwas ganz Besonderes aus.
Der Mammutbaum lehrt uns, dass alles seine Zeit braucht, um zu wachsen und den Naturgewalten wie Sturm und Feuer widerstehen zu

können, so wie bei uns Menschen. Auch wir brauchen unsere Zeit, um uns zu entwickeln und zu wachsen, und sind so manchen „Stürmen des Lebens" ausgesetzt.

Ein weit gefächertes und tiefes Wurzelwerk gibt dem Mammutbaum seine Standfestigkeit und ermöglicht es erst, dass er zu einem wahren Riesen heranwachsen kann. Seine Rinde ist weich und die ausladenden Zweige mit den Nadeln wiegen sich wellenförmig im Wind. Beim Berühren der Nadeln muss man aber feststellen, dass sie hart und stachelig sind.

Ist es bei uns Menschen nicht auch so, dass wir im Leben einen festen Stand (Standpunkt) brauchen, um unsere Persönlichkeit auszudrücken, innerlich zu wachsen und sich zu entwickeln? Trotz dieser Standfestigkeit müssen wir aber flexibel und beweglich bleiben und uns neuen Situationen anpassen.

Flexibel sein, die Meinung anderer akzeptieren, aber auch eine eigene Meinung und eigene Ansichten vertreten und, wenn nötig, die „Stacheln" zeigen.

Wohlstand – übertragen auf den Mammutbaum: Wohlstand – „wohlstehend" ist ein Sinnbild für einen festen Stand im Leben. Manchmal fühlt man sich so, als würde man „entwurzelt" sein und den Boden unter den Füßen verlieren. Wer dagegen gut „verwurzelt" ist, kann nicht so leicht umfallen. In der Baumwurzel liegen die Ursprünge aller Dinge. Es ist der Ausgangspunkt von jedem Wachstum, die Basis von allem. Die Wurzel festigt und ist Garant für Überleben und Wachstum. Sich gut „verwurzelt" zu fühlen, vermittelt das Gefühl von Sicherheit, Standfestigkeit und innerem Halt.

Wer im Leben gut gefestigt ist, fühlt sich ausgeglichen und wohl. Dann fällt es leicht, den „Wohlstand" ohne Erwartungen mit anderen zu teilen. Der Mammutbaum ist für mich ein Symbol der Beständigkeit und des „Wohlstandes".

Die Essenz des Mammutbaumes kann uns Menschen die Botschaft schenken, sich selber wie ein einzigartiger Gigant im Leben zu fühlen.

Der Mammutbaum lehrt uns, wie wichtig es ist, einen festen Stand im Leben zu haben und „Wohl- Stand" zu genießen. Wohlstand in Dankbarkeit und Wertschätzung leben und mit anderen Menschen teilen.

Die eigene Persönlichkeit reifen und wachsen lassen, dem Leben immer offen und flexibel begegnen – um sich dann in gigantischer Größe und Einzigartigkeit dem Leben zu präsentieren.

Lebensraum

Für jede Pflanze ist es wichtig, den geeigneten Standort zu finden. Nicht jeder Baum oder jede Pflanze wächst auf jedem Boden gut. Aber nicht nur die Bodenbeschaffenheit ist wichtig, sondern auch der Lebensraum und das Umfeld müssen stimmen, um wachsen und gedeihen zu können.

So haben wir beispielsweise zum selben Zeitpunkt zwei gleich große, immergrüne Mammutbäume in unseren Garten gepflanzt. Das schnelle Wachstum dieser ganz besonderen Bäume berücksichtigend, die in den ersten Jahren leicht mit einer Tanne verwechselt werden können, haben wir zwei ganz unterschiedliche Standorte ausgesucht: Ein Baum steht im vorderen Teil des Gartens. Dort ist es eher offen und wenig geschützt. Der andere Baum steht im hinteren Teil unseres Gartens, an einer Stelle, die ich sehr gerne mag

und wo ich auch meine Entspannungsübungen mache. Beide Bäume wurden gleich intensiv gegossen und gepflegt.

Aber der Baum, der im hinteren Teil des Gartens steht, zeigt ein gewaltiges Wachstum und strahlt eine enorme Kraft und Energie aus. Aktuell hat er eine Höhe von ca. 9,5 m, und der andere Baum im vorderen Teil des Gartens ist gerade mal 3 m hoch und wirkt gebrechlich, verkümmert und kraftlos.

Diese beiden Bäume zu sehen und zu vergleichen, mit dem Wissen, dass beide gleich groß waren und unter gleichen Bedingungen eingepflanzt worden sind, macht nachdenklich. Die Grundbedingungen waren für beide Bäume gleich, dennoch haben sie sich völlig unterschiedlich entwickelt.

Genauso ist es auch bei uns Menschen: Wo wir uns wirklich wohlfühlen, geht es uns gut!
Dann können wir den Alltagsschwierigkeiten trotzen und sind bei großen Anforderungen oder Herausforderungen, die das Leben an uns stellt, sehr viel belastbarer. Stimmt unser Umfeld nicht, werden wir uns lange nicht so wohlfühlen und unsere Lebensenergie zum Strahlen bringen.
Wo man sich nicht wohlfühlt, geht es einem auch nicht gut! Darum ist es wichtig, auf die innere Stimme zu hören.

 Lernen wir von den Bäumen und Pflanzen, wie wichtig der richtige Standort bzw. unser Lebensraum für uns ist.
Wo wir uns wohlfühlen, da „gedeihen" auch wir Menschen und unsere Seele kann ihre strahlende Schönheit entfalten.
Leben, wo wir uns wohlfühlen.

Lebensraum

Die Tänzerin (Eiche)

Eichen waren für mich schon als Kind immer ganz wundervolle Bäume. Die Eichen ziehen mich auch heute noch immer in ihren Bann, besonders die majestätisch wirkenden Bäume, die irgendwo als Einzelbaum stehen.

Bei einem Spaziergang mit meinen Hunden in einem Mischwald, fielen mir am Wegesrand auf einmal die vielen Eichen auf. Sie ähnelten einander sehr, das war mir von den vorherigen Spaziergängen in Erinnerung geblieben. Da es März war und die Bäume noch keine Blätter trugen, konnte ich die Bäume anders wahrnehmen als im Sommer. Meine Blicke fielen auf die Eichen und ich schenkte Baum um Baum meine volle Aufmerksamkeit. Sie wirkten auf mich sehr standfest und stabil und die kahlen Äste streckten sich steil empor. Diese Bäume vermittelten mir das Gefühl und ein Bild von einer gewissen Gradlinigkeit und Strebsamkeit, so, als würden sie ihr Wachstum und ihre Ausdehnung ganz zielstrebig gen Himmel lenken. Ganz versunken in meiner Wahrnehmung und Beobachtung der Eichen ging ich weiter und schaute sie mir an: Baum um Baum waren sie einander sehr ähnlich.

Plötzlich wurde ich durch ein anderes Bild meiner Wahrnehmung aus meinem „meditativen Schauen" herausgerissen. Da entdeckte ich sie: „Die Tänzerin". Auf einmal stand ich vor einer Eiche, die ganz anders aussah. Ihre Baumkrone war trotz der Enge des Waldes sehr ausladend, aber in der Form und Ausprägung ihrer Äste glich sie einer sich weich und anmutig bewegenden „Tänzerin". Die Äste wuchsen in einer fließenden und weichen Form – ganz anders als die „Gradlinigen". Ich war total fasziniert und entzückt von dieser Eiche, die sich mir wie eine „Tänzerin" zeigte.

Es mag komisch klingen, aber ich fühlte mich in ihrer Nähe ganz anders als bei den anderen Bäumen. Ich verweilte noch einen Moment bei ihr und ging dann weiter spazieren. Mir sind noch einige „gradlinigen" Eichen und ein paar „Tänzerinnen" begegnet und ich hatte das wundervolle Gefühl, als hätte ich die Eichenbäume ganz neu für mich entdeckt.

* * *

„Fest wie unsre Eichen halten alle Zeit wir stand, wenn Stürme brausen über's deutsche Vaterland." Zeilen aus dem Niedersachsenlied, (komponiert von Hermann Grote) beschreiben die Eiche als Symbol von hoher Kraft und Stärke.

Die Eiche gilt in Deutschland als König der Bäume, was auch durch das langlebige, stabile Holz gerechtfertigt ist.

Die Eiche (Quercus) gehört zu den Buchengewächsen. Die Sommereiche, auch Stieleiche genannt, entspricht in ihrer Wuchsform und ihrem Blattschnitt am ehesten dem Typ „Deutsche Eiche".

Die Stieleiche ist die in Mitteleuropa am weitesten verbreitete Eichenart. Die Wintereiche oder

Traubeneiche hat eine gewölbte Baumkrone auf einem geraden Stamm mit strahlenförmig abgehenden Ästen, die viel gerader als bei der Stieleiche sind. Beide Eichentypen ähneln einander sehr. Weitere bekannte Formen des Baumtypus sind die Steineiche und Korkeiche.

Eichen bilden sehr tiefe Pfahlwurzeln bis in Grundwassernähe und zählen zu den tiefwurzelnden Bäumen.

Die Eiche, auch oftmals als „König der Bäume" oder „Königin des Waldes" bezeichnet, hatte wegen der zugesprochenen Werte schon immer eine besondere symbolische Bedeutung für die Menschen. Die majestätische Eiche steht in der Baumsymbolik für einige besondere Werte wie zum Beispiel Standfestigkeit, Härte, Freiheit, Ehre, Kraft, Gerechtigkeit, väterliche Weisheit, Unsterblichkeit, Fülle, Stärke, Wachstum und Ausdauer.

Im frühen Mittelalter war die Eiche sogar namensgebend für einen Ritterorden: Orden (von) der Eiche. Die Eiche wurde als Opfer und Orakelbaum geschichtlich ebenfalls häufig erwähnt. Durch ihre Langlebigkeit wurde sie oft mit den Vorfahren und Göttern in Verbindung gebracht.

Aufgrund ihrer besonderen Eigenschaften ist die Eiche ein beliebtes Element in der Wappenkunde (Heraldik). Es werden für die Darstellungen der Eiche im Wappen sogar alle Elemente verwendet, der Eichenbaum sowie Blätter, Blüten, Früchte (Eicheln), Stamm und Zweige.

Die „Deutsche Eiche" war auch schon zu Zeiten der Deutschen Mark (1948-2001) ein typisches deutsches Symbol auf unserer Währung. Neben dem Adler war ein Eichenblatt mit einer Eichelfrucht auf der Rückseite der 1-, 2-, 5- und 10-Pfennig-Münzen zu finden. Auf der Rückseite der 50-Pfennig-Stücke pflanzte Gerda Johanna Werner kniend mit Kopftuch eine Eiche. Dies sollte ein Symbol für den Wiederaufbau Deutschlands nach dem Zweiten Weltkrieg sein (so www.garten-treffpunkt.de). Auch seit der Euroeinführung 2002 ist das Eichenlaub auf den deutschen Euro-Münzen (ein, zwei und fünf Cent) als Symbol erhalten geblieben.

Die Geschichte unserer Deutschen Eiche ist alt, die 1000-jährige Eiche, die „die dicke Oachn" genannt wird, gilt als Europas älteste Eiche und steht in Bad Blumau. Der Baum ist laut einer Veröffentlichung der Gemeinde Bad Blumau im Jahre 2008 etwa 30 m hoch, der Durchmesser des Stammes beträgt 2,50 m, der Umfang 8,85 m. Die Krone hat einen Durchmesser von etwa 50 m. Die dickste Eiche in Deutschland, gemessen in einer Höhe von 1 m, steht in Schleswig-Holstein, in der Gemeinde Belau, und hat einen Stammesumfang von über 12,8 Meter, so schreiben die Baumexperten.

Die Eiche ist ein großes Geschenk für die Menschen. Sie zählt zu den wertvollsten heimischen Nutzhölzern. Eichenholz hat eine hohe Verrottungsbeständigkeit und soll selten von Wurmfraß befallen werden. Das Holz diente historisch vor allem dem Haus- und Schiffbau. Die alten Balken in den Fachwerkhäusern wirken sehr imposant. Noch heute wird das Eichenholz für den

Möbelbau, für den Innenausbau und für Fenster- und Türenbau, Treppen und Verkleidungen verwendet. Im Außenbereich ist die Eiche auch heute noch sehr wichtig. Früher war der Baum der Holzlieferant der Bahnschwellen. Traditionell wird Eichenholz für den Bau von Fassdauben im Weinbau und von den Brauereien für ihre Bierfässer bevorzugt. Die Europäische Eiche liefert ebenso den Rohstoff für den Bau der Whiskyfässer, damit dieser gut reifen kann und ein besonderes Aroma bekommt.

Früher gab es auch die sogenannte Eichelmast, eine gängige Methode, um Schinken und Würsten ein würzigeres Aroma zu verleihen. Die Hausschweine wurden im Herbst in Eichenwälder getrieben, damit sie sich mit den Eicheln vollfraßen. Die Tradition der Eichelmast, so erzählte es mir ein spanischer Freund, ist heute noch in Spanien und Portugal bei der Herstellung von Schinken-Spezialitäten verbreitet.

Die Eiche gilt auch als der „weise Vaterbaum" und war ein typischer Gerichtsbaum, unter dem nach germanischer Mythologie viele Jahrhunderte lang Gericht gehalten wurde.

„Wenn man eine Eiche pflanzt, darf man nicht die Hoffnung hegen, nächstens in ihrem Schatten zu ruhen." (Antoine de Saint-Exupéry, aus Wind, Sand und Sterne).

Die Eiche braucht also ihre Zeit zum Wachsen, bis sie ihre majestätische Schönheit zeigen kann.

Unsere Eiche – ein Sinnbild für Standfestigkeit, Ehre, Tugend, Treue, Wachstum, Fülle, Wahrheit, Gerechtigkeit, Ausdauer und Unsterblichkeit. Wir können von ihr lernen, all diese positiven Eigenschaften in uns zu entwickeln und wachsen zu lassen. Sie scheint nahezu ein Vorbild für besondere Werte zu sein. Die Eiche vermittelt uns innere Gelassenheit und Zufriedenheit.

Eichen gelten als Symbol der Langlebigkeit. „Man steht fest wie eine Eiche", heißt es im Sprichwort. So manche Eiche hat einen Sturm überstanden. Einige Eichen scheinen vom Leben gezeichnet, aber sie haben sich nicht entwurzeln lassen.

Begegnen Sie den Eichen ab heute mit einer ganz neuen Aufmerksamkeit.
Ein Tipp: Sich einfach mal an eine große Eiche anlehnen und „lauschen".
So können Sie die Nähe und Kraft eines Eichenbaumens erfahren und sie spüren.

Die Botschaft der Eiche für uns Menschen ist Standfestigkeit, innere Stärke, Kraft und Lebendigkeit.
Die Eiche vermittelt uns Werte, wie Hoffnung, Lebenskraft, Wahrhaftigkeit und Zufriedenheit. Sie schenkt uns die Kraft, im Leben sicher zu stehen, um dem Leben offen und neugierig zu begegnen und die Fülle all der Schönheiten des Lebens zu erfahren – eben wie eine Eiche.
Die Eiche lehrt uns Standfestigkeit, um ein langes und erfülltes Leben zu leben.

Bedürfnisse

$\mathcal{E}$s gibt wunderschöne Solitärbäume, die zur Entfaltung ihrer ganzen Pracht eine Einzelstellung benötigen.

An Straßen oder Alleen werden manchmal Bäume in Reihen gepflanzt. Aber es gibt auch Bäume, die sich scheinbar von ganz alleine „in Reihe" gestellt haben.

Im Wald sind ganz unterschiedliche Baumgruppen zu entdecken. Einige Bäumen scheinen aber eine sehr enge Gruppenbildung zu bevorzugen.

Dann gibt es „Paarbäume" zu bestaunen, Bäume einer gleichen Art oder auch ganz unterschiedlicher Gattung. Es wirkt so, als würden sie eine Symbiose bilden.

Sie wachsen nah beieinander oder sind sogar eng umschlungen. Dies erweckt den Eindruck, als würden sie einander nie wieder „loslassen" wollen – sie lieben scheinbar dieses Nah-beieinander-Sein. Einige Bäume wachsen regelrecht ineinander.

Bei einigen „Baum-Pärchen" scheint es so, als hätten sie gemerkt, dass sie doch nicht so gut zusammen harmonieren, und wachsen dann in unterschiedliche Richtungen alleine weiter.

Wir Menschen haben auch unterschiedliche Veranlagungen und unterschiedliche Bedürfnisse.

Manche Menschen fühlen sich in Gruppen wohl, andere lieben die Einsamkeit – andere wiederum die Zweisamkeit.

Die eigenen Bedürfnisse anzunehmen, zu akzeptieren und zu leben scheint manchmal eine große Herausforderung zu sein, aber es bringt uns wieder in unsere innere Harmonie und in Einklang.

In dem wundervollen Buch „Bäume" von Hermann Hesse fand ich genau das wieder, was ich ausdrücken möchte:

„Bäume sind für mich immer die eindringlichsten Prediger gewesen. Ich verehre sie, wenn sie in Völkern und Familien leben, in Wäldern und Hainen. Und noch mehr verehre ich sie, wenn sie einzeln stehen. Sie sind wie Einsame. Nicht wie Einsiedler, welche aus irgendeiner Schwäche sich davongestohlen haben, sondern wie große, vereinsamte Menschen, wie Beethoven und Nietzsche".

 **Die Bäume lehren uns, sich mit all unseren Bedürfnissen wirklich anzunehmen und diese eigenen individuellen Bedürfnisse in Harmonie, Offenheit, Aufrichtigkeit und Achtsamkeit zu leben.**
Seine Bedürfnisse vertrauensvoll und in allen Facetten leben und im Einklang sein.

Offenheit

Wertfrei

Die Natur und die Tiere haben uns Menschen manchmal einiges voraus: Sie werten und bewerten nicht. Die Natur richtet nicht und kennt keine Vergleiche.

Es gibt kein Richtig oder Falsch, kein Schön oder Hässlich. Alles ist so, wie Gott (oder wer auch immer) es geschaffen hat, eine Bereicherung der Natur. Der Natur ist es egal, ob da eine wilde Wicke oder eine edle Zuchtrose blüht. Jede Blüte zeigt auf ihre eigene Art ihre besondere Schönheit.

Aristoteles hat es treffend ausgedrückt:
„In jedem Geschöpf der Natur lebt das Wunderbare".

Wie ist es bei uns Menschen? Können wir das Wunderbare wirklich sehen?

„Ihr sagt oft: Ich würde geben, aber dem, der es verdient. Die Bäume in euren Obstgärten reden nicht so, und auch nicht die Herden auf euren Weiden. Sie geben, damit sie leben dürfen, denn zurückhalten heißt zugrundegehen."
KHALIL GIBRAN, DER PROPHET

Die Erde entscheidet nicht, wer auf ihr leben darf und wer nicht. Die Sonne scheint und wärmt alle Menschen, Tiere und Pflanzen gleich.

Die Blumen blühen für alle Menschen, egal, ob arm oder reich. Unsere Haustiere schenken uns ihre bedingungslose Liebe und teilen diese mit uns, ohne zu werten – ganz frei.

Die Natur wertet, bewertet und vergleicht nicht – alles darf sein. Die Natur ist wert- frei. Werten macht unfrei und nimmt einem eine neutrale Sichtweise.

Wir Menschen müssen scheinbar immer alles vergleichen oder bewerten. Wir maßen uns an, über andere zu werten. Letztendlich können wir nur uns selbst werten. Wenn wir aber ständig einander vergleichen, fällt es schwer, sich selber wertfrei anzunehmen. Wer alles immer bewerten muss, kann nicht mehr offen und neutral sein. Manchmal gleicht dies schon einem „Bewertungswahn", nicht nur in der virtuellen, sondern auch realen Welt.
Warum scheint es so schwierig zu sein, nicht immer alles zu bewerten, sondern andere einfach sein zu lassen?

 **Die Natur lehrt uns, wie einfach es sein kann, nicht zu werten oder zu bewerten. Sich und andere Menschen einfach annehmen und wertfrei akzeptieren. Nicht zu werten, schenkt Freiraum für neue Gedanken und positive Gefühle.**
Einfach frei und glücklich sein.

Wertfrei

Die Sabina (Phönizischer Wacholder)

„Es ist wundersam, wie man sich jeder Lage anpassen kann."
ANTOINE DE SAINT-EXUPÉRY (AUS WIND, SAND UND STERNE)

Der Phönizische Wachholder (lat. Juniperus phoenicea) ist ein immergrüner Strauch oder Baum, der im Mittelmeerraum (auch auf den Kanarischen Inseln) heimisch ist. Der Phönizische Wacholder ist ein kleiner Baum, der trotz seines ausgesprochen langsamen Wachstums bis zu 8 m hoch werden kann. Der Baum kann bis zu 1.000 Jahre alt werden. Die Borke wirkt faserig und ist längsrissig und löst sich in Schuppen oder schmalen Streifen vom Stamm. Durch die Harztaschen in der inneren Rinde verströmt der Stamm einen aromatischen Geruch. Das flache Wurzelsystem ist in der Lage, den Baum selbst auf felsigen Standorten fest zu verankern. Der Phönizische Wacholder verträgt verschiedene Bodenstrukturen und Bodentiefen, stellt keine besonderen Ansprüche an die Nährstoffversorgung, braucht wenig Wasser,

ist windresistent, wächst auch auf stark kalkhaltigen Böden und verträgt Meeresnähe.

Der Phönizische Wacholder, auf Ibiza und Formentera bekannter als „Sabina", ist auf den Pityusen (Balearen) sehr häufig und wird als besonderer Baum angesehen. Diese Sabina-Bäume wachsen sehr langsam und nehmen unter dem Einfluss der Naturgewalten im Laufe der Jahre immer verdrehtere und skurrilere Formen an.

Das Holz der Sabina ist sehr begehrt, da es sich um ein sehr hartes Holz handelt, das kaum verwittert und wegen des Harzes von Insekten gemieden wird. Die Sabina wurde im Mittelmeerraum für Balken beim Hausbau, für Tore, Türen und viele sonstige Elemente der traditionellen Bauweise genutzt. Werkzeuge für die Landwirtschaft, Viehzucht und auch die Fischerei wurden aus dem Phönizischen Wachholder gefertigt. Die alten, verwitterten Bootshäuser oder Anlegestege auf Ibiza und Formentera sind überwiegend aus Sabina-Holz gefertigt. Heute sind große Sabina-Stämme eher eine Seltenheit.

Beim nächsten Urlaub auf Ibiza oder Formentera können Sie bestimmt eine „Sabina" entdecken und diesen Baum oder das verarbeitete Holz bestaunen.

Die Sabina-Bäume sind extremen Naturgewalten ausgesetzt und überleben aufgrund ihrer großen Anpassungsfähigkeit. Sie scheinen zu überleben, weil sie sich den Naturgewalten hingeben. Dennoch wirken sie trotz ihrer bizarren Form niemals starr, sondern eher sanft, weich im Wind stehend und anschmiegsam. Die Sabina wird auch Formenteras „emblematischer Baum" (Wahrzeichen der Insel) genannt, zeigt in ihrer Ausdruckform ihre Besonderheit: ein Baum, der selten im Wind bricht.

In dem Bild „Der Baum und seine Erfahrung" von Volker W. Hanser wird in mir der Eindruck erweckt, als möchte er genau diese Botschaft übermitteln: Siegen durch Annehmen und dabei weich bleiben, anstatt mit Härte dagegen anzugehen.

„Der vom Wind stark gezeichnete Baum
hat mit dem Sturm seine Erfahrung gemacht.
Ob er diese umsetzt, um beim nächsten Sturm flexibel zu sein?"
VOLKER W. HANSER

Der Sabina-Baum hat eine wunderschöne Botschaft für uns Menschen. Die Sabina lehrt uns, wie wichtig die Anpassungsfähigkeit ist, ohne sich jedoch dabei selber aufzugeben. Kraftvoll und voller Ausdauer wie die Bäume können wir alle Situationen annehmen und dabei ausharren. Die Erfahrungen lassen uns Menschen wachsen, aber dennoch sollten wir wie die Sabina immer sanft und beweglich bleiben.

Die Sabina „siegt", weil sie Situationen annehmen und akzeptieren kann. Sie behält ihre eigene Energie, schwingt mit, aber ohne sich aufzugeben. Sie siegt durch Verständnis und Annahme, frei, ohne Härte und Groll.

Von der Sabina lernen, sich anzupassen (wenn es nötig ist), ohne sich dabei aufzugeben; Verständnis zu zeigen, Dinge voller Flexibilität und Mitgefühl anzunehmen, und die eigene Kraft erfahren. Sich vom Leben bewegen lassen.

Ich bin auf dem Weg

Die Natur schickt uns ihre Schätze nicht ins Haus. Wir müssen uns schon hinaus in die Welt bewegen, um diese dann auch zu entdecken. Die Natur kann man nicht auf dem Sofa erfahren. Natürlich können wir uns durch Impressionen aus der virtuellen Welt berieseln lassen, aber das wäre dann eher passives Konsumieren und nicht wirkliches (Er)-Leben. Schon gar nicht mit all unseren Sinnen.

„Die meisten Menschen wissen gar nicht, wie schön die Welt ist und wie viel Pracht in den kleinsten Dingen, in irgendeiner Pflanze, einem Stein, einer Baumrinde oder einem Birkenblatt sich offenbart."
RAINER MARIA RILKE

„Ich bin auf dem Weg", also in Bewegung gekommen, um die Lebendigkeit zu spüren. Das Leben ist pure Lebendigkeit und Bewegung. Stillstand würde dem Tod gleichen. Sich bewegen, um dem Leben mit all seinen Facetten zu begegnen.

> *Sich auf den Weg zu machen bedeutet auch, einen ersten Schritt zu wagen. Dies kann der erste Schritt auf dem Weg in ein neues Lebensabenteuer oder einen neuen Lebensabschnitt sein.*

Es kann auch ein mutiger Schritt für eine bevorstehende Veränderung oder Erneuerung sein, um sich seinem Ziel zu nähern oder Pläne zu starten. Es ist ganz egal, wie schnell man geht. Wichtig ist nur, überhaupt zu starten. Eine Weisheit aus China besagt, dass es egal ist, wie schnell oder langsam man geht, der Weg bleibt der gleiche.

„Ich bin auf dem Weg" kann auch bedeuten, auf steinigen und steilen Wegen zu gehen, es kann eine Sackgasse oder sogar ein Irrweg sein. Wir können uns verlaufen oder entscheiden uns, einen anderen Weg zu gehen.

Sich auf den Weg machen heißt, Erfahrungen zu sammeln.

Stehen wir an einer Abzweigung, müssen wir selber entscheiden, welcher Weg für uns gerade der richtige ist. Alles ist richtig, es gibt keinen „falschen Weg", sondern nur Wege, um neue Erkenntnisse zu sammeln. Jeder Weg, den wir gehen, ist unser eigener Lebensweg.

Manchmal werden wir auf unserem Lebensweg durch andere Menschen begleitet. Sie sind eine Zeit lang an unserer Seite. Manchmal nur ganz kurz, und dann heißt es Abschied nehmen und alleine weitergehen. Das ist gut so, denn jeder hat seinen eigenen Lebensweg und Lebensplan. Manchmal ist die Begleitung auch von längerer Dauer und man beschreitet gemeinsam einen Teil des Lebensweges.

Wichtig ist, immer wieder zu reflektieren und zu überprüfen, ob es auch der eigene Weg ist oder ob man rein aus Bequemlichkeit einen Weg geht, der schon lange nicht mehr für einen stimmig ist.

Manchmal ist der Weg auch „ein Weg zu mir", so, als würde man auf einem Spiralweg wandeln, sich annehmen mit allen Widrigkeiten und bei sich selber ankommen. Sich dann endlich „angekommen" und wohl fühlen. Einfach zu sein…

„Geh den Weg mit Muße weiter", wandle und genieße die Wandlung, das Werden und Wachsen.

Eine Verschnaufpause ist sicherlich auch vonnöten, aber das Leben ist Veränderung, so wie auch die Natur sich ständig verändert.

„Es gibt keinen Weg zum Glück. Glücklichsein ist der Weg".
BUDDHA

„Ich bin auf dem Weg"– Die Botschaft lehrt uns das Vorankommen auf dem eigenen Lebensweg.

Neue Erfahrungen machen, Veränderungen genießen, sich neu entfalten und sich auf den Weg zum inneren Glück machen. Sich führen lassen.

Das Herz weiß, wohin es einen zieht, um einfach glücklich zu sein – den eigenen Lebensweg gehen.

Romero, mein Liebster (Rosmarin)

Ich sehe dich.
Ich rieche dich.
Ich schmecke dich.
Du betörst mich, mein Romero.

Der Name „Rosmarin" ist lateinisch und bedeutet „Tau (ros) des Meeres (marianus)", engl.: Rosemary, spanisch: Romero. Die Überlieferung beschreibt die Bezeichnung der Pflanze so: Da Rosmarinsträucher an den Küsten des Mittelmeeres wachsen und sich über Nacht der Tau in ihren Blüten sammelt, sind sie scheinbar der Tau des Meeres.

Rosmarin (*Rosmarinus officinalis)* ist eine wildwachsende Pflanze des Mittelmeerraumes, selbst an trockenen Hängen fühlt sie sich wohl. Rosmarin ist nicht winterhart, jedenfalls verträgt er keine langen, kalten Winter und wird deshalb bei uns in Mitteleuropa eher in Töpfen als Zier- und Gewürzpflanze zu finden sein. Der immergrüne, buschähnliche Strauch kann bis zu 2 m hoch werden. Der Duft des Rosmarins ist intensiv aromatisch. Seine zusammengerollten Blätter erinnern eher an Nadeln. Die „Nadel" ist grün, während die Äste braun sind. Die älteren Äste sind sparrig (seitwärts abstehend) und haben eine abblätternde Rinde. Die blassblauen kleinen Blüten können sich das ganze Jahr über zeigen. Der Rosmarin fühlt sich im Garten und auch im Topf auf dem Balkon sehr wohl.

Bereits im Altertum wurde der Rosmarin im Mittelmeerraum hoch geschätzt. Er war der Göttin Aphrodite geweiht und symbolisierte die Liebe und Schönheit.

Rosmarin soll kleinen Kindern als Schutz in die Wiege gelegt worden sein, und auch auf jedem Sarg wurde früher ein Zweig beigelegt – so stand der Lebenslauf (Geburt bis Lebensende) im Zeichen des Rosmarins.

Rosmarin fand bereits im Mittelalter seine Beachtung als Heilkraut. Auch der deutsche pflanzenkundige Mediziner Leonhart Fuchs (1501-1566) schrieb in seinem *„New Kreuterbuch"* (1543): „Rosmarin stärkt das Hirn und allerley Sinne… es ist gut zu zitternden und lahmen Gliedern…" (Quelle Zauber-pflanzen.de).

Der Apotheker Mannfried Pahlow schrieb in „Das große Buch der Heilpflanzen", dass sogar Sebastian Kneipp dem Rosmarin seinen Segen gab, der dann als Heilpflanze in der Volksmedizin seine Wertschätzung erlangte.

Neben seiner wärmenden Wirkung ist Rosmarin ein beliebtes Gewürz in der mediterranen Kräuterküche. Wer hat nicht schon einmal Rosmarinkartoffeln gegessen? In Öl geschwenkte Kartoffeln mit Rosmarin hinzugefügt zaubern nicht nur eine besondere Geschmacknote, sondern eine einfache, aber sehr spezielle Beilage.

Der Romero ist eine anspruchslose, sehr widerstandsfähige Pflanze mit vielen speziellen Besonderheiten und einem einzigartigen aromatischen Duft und Geschmack. Als eine mediterrane Pflanze trägt sie das südländische Feuer und eine besondere Gelassenheit in sich, sie erwärmt auch uns Menschen. Diese Pflanze kann sehr gut in Hitze und manchmal Trockenheit leben. Ihr Blatt ist so klein und zusammengerollt, dass es nicht austrocknen kann. Der Rosmarin trägt die feurige Kraft des Lebens und des „Lebens-Laufes" sowie das Symbol der Liebe und Schönheit in sich.

 **Der Rosmarin lehrt uns Menschen, eigene Ansprüche etwas herunterzuschrauben und die Einfachheit und die Einzigartigkeit in entspannter Gelassenheit zu leben, und sich daran erfreuen. Die eigene Kraft, das innere Feuer und eine ganz persönliche Ausstrahlung tragen wir alle in uns. Das ist eine große Bereicherung für einen selber und für andere Menschen im „Lebens-Lauf" – im Laufe des Lebens.**

Einfachheit

Ohne Fleiß keinen Preis

„Sieh auf die Natur: Sie ist beständig in Aktion,
steht nie still und schweigt nie."
MAHATMA GHANDI

Alle Mühe hat auch ihren Lohn. „Was der Frühling nicht säte, kann der Sommer nicht reifen, der Herbst nicht ernten, der Winter nicht genießen", sagte schon der Dichter Johann Gottfried von Herder (1744-1803).

Die Natur zeigt uns, dass es Mühe und Einsatz bedarf, um im Herbst zu ernten. Wer in Bewegung ist, bewegt auch etwas.

Die Natur ist ständig in Bewegung, im Wandel. In der Tierwelt können wir ebenfalls immer wieder beobachten, wie aktiv die Tiere sind. Die Pflanzen und die Tiere sind voller Lebendigkeit, aber sie kennen auch ihre Grenzen und würden sich niemals sinnlos „auspowern", so, wie viele Menschen es tun. Tiere sorgen besser für sich, sie kennen ihre Energiereserven und wissen, wann eine Pause vonnöten ist. Ein Beispiel ist der Specht. Wer jemals einen Specht beobachtet hat, mit welcher Mühe und Motivation er in die Baumrinde hackt, um an die leckeren Würmer zu kommen oder eine Höhle zu bauen, dem wird klar, welchen Aufwand der Vogel betreibt, um sein Ziel zu verfolgen. Spätestens dann, wenn er in seiner Nisthöhle sitzt, weiß er, dass sich seine Mühe gelohnt hat.

Die Natur als Lehrmeister lebt uns die Weisheit aus dem Volksmund „Ohne Fleiß keinen Preis" vor, wenn wir etwas erreichen (ernten) wollen, müssen wir bereit sein, unseren Willen und unseren Glauben sowie auch unseren Einsatz zu investieren.

Die Natur und die Tierwelt sind uns ein gutes Vorbild: Wenn man etwas erreichen möchte, muss man seine Ziele auch verfolgen.

Wir erreichen nichts, wenn wir nur von unserer Idee träumen – darum: „Träume nicht dein Leben, sondern lebe deinen Traum".
Dafür müssen wir uns einsetzen und aktiv werden, damit unsere Träume wahr werden. Das Leben ist einfach zu kurz, um die kostbare Lebenszeit mit vielen unnützen Dingen zu verschwenden. Leben für die Dinge, die unser Herz zum Schwingen bringen.

 Von der Natur lernen, Vertrauen, Geduld, Fleiß zu entwickeln und seine „Herzenswünsche", seine Ziele und Träume stets zu verfolgen. Wer sich bewegt, bewegt auch etwas.
Träume voller Zuversicht in Hinblick auf Erfüllung leben.

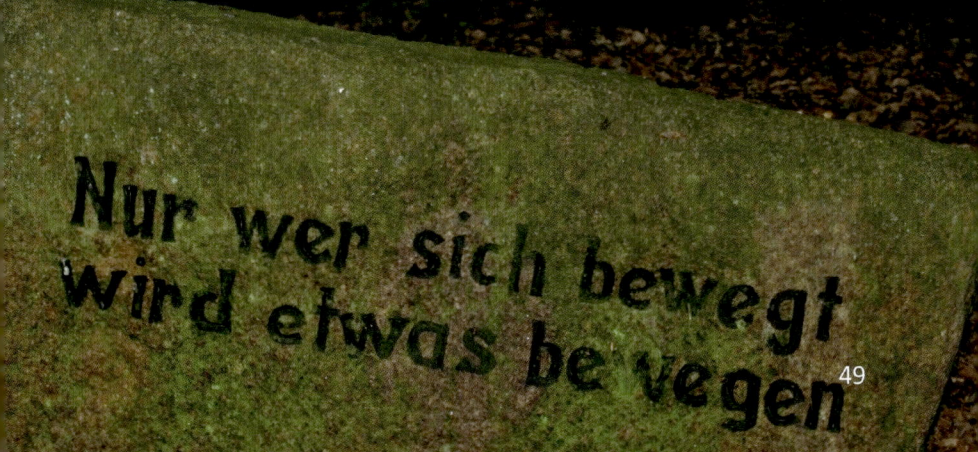

Mythos oder Magie (Ginkgo)

Der Ginkgo, ein geheimnisvoller Baum, umhüllt von einem Mythos und geschätzt von vielen Liebhabern der Kunst und Heilkunst.

Der Baum wird seit langem als kraftspendend und lebensverlängernd verehrt. Die Chinesen und Japaner wertschätzen den Ginkgo seit Jahrhunderten wegen seiner Lebenskraft und als einen heiligen Baum, unter dem Wünsche erbeten wurden.

Der Ginkgo-Baum, ein magischer Sonderling im Reich der Pflanzen, ist ein Phänomen und wird als ein lebendes Fossil angesehen. Es wird berichtet, dass der Baum schon vor mehr als 250 Millionen Jahren auf der Erde heimisch gewesen sei, in einer Zeit, als es noch keine Vögel oder Saurier gegeben haben soll.

„Weil der Ginkgo in unserer Zeit der letzte Überlebende einer einst zahlreichen Gattung ist, hat ihn der Begründer der Selektionstheorie Charles Darwin (1809 – 1882) als „Lebendes Fossil" bezeichnet. Dass es den Ginkgo heute noch gibt, ist für uns Menschen wie eine Botschaft von einem anderen Stern, wie eine unvorstellbare Inflation von Zeit, vor allem, wenn wir uns vorstellen, wie lange wir Gast auf unserer Erde sein dürfen", so Herr Heinrich Georg Becker vom Ginkgo-Museum Weimar.

Welch wundervolles Gefühl, unter so einem „Weisen Baum" zu verweilen. Finden kann man große und alte Ginkgobäume in einigen Parks und Schlossgärten.

Die künstlerisch anmutende Form des Blattes macht den Ginkgo so unverwechselbar. Die einstigen Nadeln haben sich im Laufe der vielen Jahre zu einem Fächerblatt verschmolzen.

Die Blattform ist unverwechselbar und die Ginkgos in meinem kleinen Garten haben alle unterschiedliche Einschnitte, einige tiefer, andere nur andeutungsweise. Bei einigen Bäumen wirkt das Blatt wie zweigeteilt. Die Blätter zeigen im Frühjahr und Sommer ihr frisches Grün und verwandeln sich im Herbst in einem besonderen Farbspiel in ein Goldgelb.

„Gingo biloba" (auch: Ginkgo biloba) ist ein Gedicht über das zweigeteilte (lateinisch: biloba) Blatt eines Ginkgo-Baumes, geschrieben 1815 von Johann Wolfgang von Goethe (1749-1832). Goethe hatte eine besondere Beziehung zu diesen Bäumen, darum wird der Ginkgo in Deutschland auch oft als „Goethebaum" bezeichnet. In Weimar ließ Goethe solch einen Baum pflanzen, der noch heute, wie auch 90 weitere Ginkgos, zu bewundern ist.

Obwohl der Ginkgo auf den ersten Blick Ähnlichkeit mit Laubbäumen (Bedecktsamer) hat und im Herbst auch seine grünen Blätter verfärbt und abwirft, ist er dennoch mit den Nadelbäumen näher verwandt und wird deshalb zu den Nacktsamern gezählt. Ginkgobäume gehören weder zu den Nadel- noch zu den Laubbäumen, sie bilden eine eigene Gruppe.

Der Ginkgo ist ein Windbestäuber und blüht im Frühjahr, es gibt männliche und weibliche Pflanzen. Die Bäume unterschiedlichen Geschlechts sind bis zur Geschlechtsreife (die erst im Alter zwischen 20 und 35 Jahren erfolgt) äußerlich kaum voneinander zu unterscheiden. (Quelle: www.planet-weimar.de)

Meinen älteren Ginkgo in meinem Garten schaue ich jährlich an, um zu sehen, ob sich evtl. eine weibliche oder männliche Blüte zeigt, die sich sehr voneinander unterscheiden.

Die Fortpflanzung der Ginkgos ist sehr viel komplexer und komplizierter als bei anderen Pflanzen. Bei einer erfolgreichen Bestäubung beginnt die weibliche Samenanlage zu wachsen. Aus der Haut der Samenanlage bildet sich eine äußere, dickfleischige, gelbe Hülle. Eine zweite, innere Hülle umgibt den Keimling, der an eine Nuss erinnert. Sie sehen aus wie kleine gelbe Kirschen, sondern aber einen unangenehmen Geruch ab. Weibliche Ginkgobäume sollen eher eine Seltenheit sein, aber als ich diese Ginkgobotschaft schrieb, entdeckte ich doch tatsächlich beim Spaziergang im Schlosspark von Bergedorf bei Hamburg einen weiblichen Baum. Einige Samen lagen sogar am Boden um den Baum herum, die ich rasch einsammelte. Aber Achtung, wer Ginkgo-Samen aufsammelt, die Samenaußenschicht hat hautreizende Inhaltsstoffe. Einen Ginkgobaum aus einem Samen zu ziehen, soll nicht so einfach sein. Ich lasse mich überraschen, wie sich unsere eingepflanzten Samen entwickeln werden.

Der Ginkgobaum hat eine besondere Resistenz gegen Schädlingsbefall und konnte deshalb so lange überleben. Er stellt wenig Ansprüche, deshalb wird er weltweit als Stadtbaum angepflanzt. Bei der Anschaffung unseres ersten Ginkgo-Baumes vor fast 20 Jahren erzählte uns ein Baumschulbesitzer, dass es ein sehr besonderer Baum sei und jede Gemeinde, die etwas auf sich hält, würde Ginkgos pflanzen.

Dies war aber nicht der Grund, warum ich so eine Begeisterung für dieses lebende Fossil entwickelt habe, es war eher die Einzigartigkeit seines Blattes und seines Erscheinungsbildes.

„Der Siegeszug des Ginkgos nimmt unaufhaltsam seinen Lauf. Sei es bei der Erforschung und Nutzung in der Medizin, in Kunst und Literatur oder als Symbol und individuelles Zeichen von Hoffnung und Liebe in einer gefährdeten Welt", so Heinrich Georg Becker.

Nehmen wir doch den Ginkgo als Botschafter, ein Informationsträger einer Millionenjahre alten Weisheit, der uns das Symbol der Hoffnung und Liebe schenkt. Er ist ein sehr robuster und kraftvoller Baum, der manchmal etwas filigran wirkt. Er ist mit perfekten Überlebensstrategien ausgestattet und gilt als anpassungsfähig und unbesiegbar. Seine magisch künstlerisch geformten Blätter beeindrucken uns Menschen.

Der Ginkgo, ein Symbol der Hoffnung und der Liebe, soll uns daran erinnern, welche Kraft, Hoffnung und Liebe er in sich trägt. Es heißt nicht einfach so: Die Liebe ist die stärkste Kraft der Welt.

Wenn wir alle – jeder Mensch – uns diese Kraft zu eigen machen und in die Welt hinaustragen, kann es ein kleines Samenkorn für eine „bessere Welt" sein. Der Ginkgo ist ein Baum für die Welt, ein echter Weltenbaum – für eine bessere Welt. Dem Baum wurde sogar eine besondere Auszeichnung zugesprochen: „Baum des Jahrtausends".

 **Der Ginkgo lehrt uns: Mit Ausstrahlung und Überlebensstrategien überzeugen und sich dem inneren Wissen öffnen. Wir tragen alle eine innere Weisheit in uns.**
Die inneren Schätze hinaus in die Welt tragen und als Botschafter oder Botschafterin das Samenkorn der Hoffnung, Wertschätzung und Liebe säen.

Innere Weisheit

Geschenke

Die Natur beschenkt uns
auf ihre ganz besondere Weise.

Manchmal bedarf es keiner Worte,
Blumen sprechen für sich.

„Willst du wissen, was Schönheit ist,
so gehe hinaus in die Natur; dort findest du sie."
ALBRECHT DÜRER

„Blumen sind das Lächeln der Erde."
RALPH WALDO EMERSON

„Es gibt überall Blumen für den, der sie sehen will."
HENRI MATISSE

„Die Schönheit der Dinge
lebt in der Seele dessen, der sie betrachtet."
DAVID HUNE

Die Natur lehrt uns, Schönheiten zu entdecken,
und schult unsere Aufmerksamkeit, so dass wir immer achtsamer
in unserer Wahrnehmung werden. Die Natur bewusst zu sehen
und sich von ihr beschenkt zu fühlen, lehrt uns, wie einfach es sein kann, Glück
zu empfinden. (Glück verlängert das Leben!)

Offen, aufmerksam und achtsam sein, um überall –
in der Stadt und auf dem Land – die Blumen und
die einzigartige Schönheit des Lebens sowie
all die Wunder der Natur zu sehen.

Wunder

Heilendes Grün

Pflanzen tun uns Menschen gut. Die Wälder, die Grünflächen, Parks und Gärten und sogar die Bäume in den Städten unterstützen unser Wohlbefinden. Es liegen einige Studien vor, die belegen, dass das „Vitamin G" (G steht für Grün) eine positive Auswirkung auf unseren Körper hat und unsere Nerven stärkt (Quelle: Gehirn und Geist 5/2011). Eine Studie der japanischen Wissenschaftlerin Yuko Tsunetsugu weist nach, dass ein Spaziergang im Wald bereits den Blutdruck senkt und die Konzentration des Stresshormons Kortisol abnimmt. Die Konzentrationsfähigkeit im Grünen steigt und fördert das Wohlbefinden.

Mit der Farbe „Grün" verbinden wir Leben und Wachstum. Gerade in der Natur begegnet uns die Farbe Grün besonders intensiv im Frühling und kündigt somit Wachstum, Lebendigkeit und Erneuerung an. Die Menschen verbinden mit dem Frühling einen Neubeginn, sie sind voller Zuversicht und Hoffnung. Diese ganz besondere Heilwirkung der Farbe Grün für unseren Körper und unsere Seele wurde bereits von Hildegard von Bingen (1098-1179, 2012 heilig gesprochen) erkannt. *„Es ist eine Kraft der Ewigkeit, und diese Kraft ist grün"*, *d*iese Worte soll einst Hildegard von Bingen gesagt haben. In ihrem Buch „Causae et Curae" empfiehlt sie dem Menschen: „Gegen Augenschwäche auf eine grüne Wiese zu gehen und zu schauen, das macht die Augen wieder rein und klar".

Ein Spaziergang im Wald ist entspannend und sehr erholsam. Wissenschaftliche Studien belegen die positive Wirkung der Natur auf unser Wohlbefinden.

Wer sich schon einmal ein lauschiges Plätzchen auf einer Bank im Schatten eines Baumes gesucht hat, der weiß um die beruhigende Wirkung. Die Natur entschleunigt unsere Sinne, belebt unsere Kräfte.

Waldspaziergänge wirken in mir immer wie eine „Kraftquelle". Wenn ich schweigend mit meinen Hunden als Begleiter durch die Wälder streife, genieße ich die Stille. Kein Alltagslärm, nur die Stimmen des Waldes. Diese Geräusche wirken entspannend und meine Gedanken kommen zur Ruhe (das geschieht auch beim Yoga und in der Meditation, aber die Verbundenheit zur Natur hat noch eine andere Qualität).

Ich empfinde es als eine Reise zu mir selbst: Ich lasse meine Gedanken los, erfahre die Stille und öffne meine Sinne neu. Ich schaue, ich staune, ich höre, ich rieche … .

Ich komme zur Ruhe, spüre die Kraft der Mutter Erde und der Pflanzen und fühle mich wie neu aufgeladen. Sich neu aufgeladen zu fühlen, ist gerade in dieser hektischen Zeit sehr wichtig. Manchmal fühlt man sich schlapp, müde oder körperlich geschwächt, und am liebsten würde man sich auf dem Sofa einkuscheln. Das ist hin und wieder sicherlich auch angebracht, aber nach einem Spaziergang sieht die Welt schon oft ganz anders aus. Eine Lektion, die mir eine sehr weise Frau (Elisabeth) mit auf den Weg gegeben hat: „Geh immer hinaus in die Natur spazieren. Solange du deinen Kopf nicht unter dem Arm trägst, geh los und es wird dir gut tun".

Eine besondere Erfahrung:

Ein regnerischer Tag im April. Es schüttet wie aus Eimern und ich denke, dass man bei diesem Wetter keinen Hund rausschicken mag. Trotzdem entschließe ich mich, einen Waldspaziergang mit meinen Hunden zu machen. Zum Glück lässt der Regen ein wenig nach und es tröpfelt nur noch. Ich bin müde, eine Erkältung steckt mir noch in den Gliedern. Eigentlich schlurfe ich lustlos voran.

Ich spüre die zarten Regentropfen in meinem Gesicht und beginne die frische Waldluft zu inhalieren. Es ist ein ganz besonderer Waldfrühlingsduft. Ich schaue mich um. Ich atme und gehe, ich spüre den Boden unter meinen Füßen. Obwohl keine Sonne scheint, der Himmel mit dunklen Regenwolken überdeckt ist, strahlt der Wald ganz hell und auf eine ganz besondere Weise. Das frische Grün der Bäume bewegt meine Sinne und ich kann gar nicht beschreiben, was es mit mir macht.

Mein Herz beginnt vor Freude zu tanzen, ich spüre, wie klar mein Kopf durch die frische Waldluft geworden ist. Ich schlurfe nicht mehr. Ich nehme wahr, wie aufgerichtet und leicht ich auf einmal gehen kann. Ich schaue mir ganz bewusst die Bäume mit ihren zarten, grünen Blättern an. Das Grün ist so frisch und das Strahlen des Grüns kann man kaum mit Worten beschreiben.

Ich beobachte einen Specht, wie er die Baumrinde abhebelt. Vor uns fliegt ein Eichelhäher. Er stößt keinen Warnlaut aus, wir scheinen für ihn keine Eindringliche zu sein.

In einer Schneise steht ein Reh. Es schaut mich an und unsere Blicke treffen sich. Wir schauen einander an. Auch meine Hunde schauen neugierig, an anderen Tagen hätten sie schon längst ihr Jagdgeheul erklingen lassen. Aber wir schauen alle einander in Stille an. Der Blick von dem Reh berührt meine Seele und ich bin von diesem Wesen fasziniert. Dann läuft es weiter, aber dieser Moment war ein besonderer, als sich unsere Blicke trafen.

Dann huscht ein Eichhörnchen voller Leichtigkeit über den Weg. Ich muss freudig schmunzeln.

Die Stille des „Regenwaldes" wird unterbrochen. Ein Kreischen ist zu hören. Ich kenne es. Und dann sehe ich einen Schatten über den Baumwipfeln. Ein Adler hat sich gezeigt! Ich weiß, dass der Seeadler dort in der Nähe einen Horst (sein Nest) hat, aber er ist nicht so oft zu sehen. Ein ganz besonderer Glücks-Moment.
Ich fühle mich glücklich, kraftvoll und ganz „heil".
Genau solche Erfahrungen sind so kostbar und heilsam. Ich denke, es ist gut, dass ich mich aufgerafft habe und in den Wald gegangen bin.
Grün heilt wirklich!

Grünflächen und Parks sind in jeder Stadt zu finden. Mit ein wenig Aufwand kommt man auch rasch ins nächste Wäldchen. Manchmal scheinen die Menschen etwas bequem zu sein, aber ist es nicht ein wundervolles (kostenloses) Geschenk der Natur, uns mit ihrem „Vitamin G" und all den Bäumen und Pflanzen zu weniger Stress und zu mehr Wohlbefinden zu verhelfen?
Das Grün der Natur in Verbindung mit Bewegung zu genießen, tut uns Menschen gut und vertreibt trübe Gedanken. Spazierengehen bringt wieder neuen Schwung in den Körper, der Atem kann wieder frei fließen und die Gedanken kommen zur Ruhe, der Kopf wird wieder „frei".
Die wohltuende Wirkung der Bewegung als präventive Maßnahme bei Stress, Depressionen und Ängsten hat David Servan-Schreiber in seinem Buch „Die Neue Medizin der Emotionen" beschrieben. Durch Bewegung werden sog. „Glückshormone" freigesetzt, die Wohlbefinden und Glücksgefühle hervorrufen und die Ausschüttung der Stresshormone reduzieren. Also: Hinaus in die Natur!

Die Natur mit ihrem „Vitamin G" schenkt uns ihr „heilendes Grün". Das Grün der Natur bewusst wahrnehmen: spazieren gehen, sich bewegen und die Natur, das Leben und die eigene Lebendigkeit voller Lebensfreude genießen.
Die heilende Kraft der Natur schöpfen und das Wohlbefinden steigern.

Gesundheit

Klang der Glocken (Osterglocken)

„Ring out Bells of Norwich an let the winter come and go.
Love like the yellow daffodil is coming through the snow.
Love like the yellow daffodil touches all I know."
SIDNEY CARTER / JULIAN OF NORWICH SONG

Der "Julian of Norwich-Song" ist der englischen Mystikerin Julian of Norwich gewidmet, die das Buch „Die Offenbarung der göttlichen Liebe" schrieb.

Nachdem die Schneeglöckchen den Vorfrühling angekündigt haben, läuten die Osterglocken den langersehnten Frühling ein. Sie erfreuen uns mit ihrem leuchtenden Gelb in den Gärten, blühend an den Straßen oder in den Grünanlagen. In der Ruhreifel zeigt sich jährlich ein besonderes Naturschauspiel: Wenn die Wiesentäler mit den Millionen wild wachsender Narzissen erblühen, verwandelt sich die Landschaft in ein gelbes Blütenmeer. Sie verzaubern nun die Natur.

Die Osterglocke oder auch Osterglöckchen genannt (weil sie um Ostern herum blüht) ist eine gelbe Narzisse (Narcissus pseudonarcissus). Narzissen gehören zu den Amaryllisgewächsen, die gelben Schönheiten haben einen sehr intensiven Duft. „Weniger bekannt ist, dass die Pflanzen giftig sind. Die gesamte Pflanze ist durch ihren Gehalt an Alkaloiden und einigen Bitterstoffen giftig. In den Zwiebeln findet sich die höchste Konzentrationen der Giftstoffe". (www.natur-lexikon.com)

Der britische Dramatiker und Autor Alan Alexander Milne hat die wundervolle Ausstrahlung der gelben Narzisse sehr treffend beschrieben: „Ein Haus, in dem Osterglocken stehen, ist immer ein erleuchtetes Haus, ganz gleich, ob draußen die Sonne scheint oder nicht. Osterglocken in einer grünen Vase – da kann es schneien, solange es will."

Der Huflattich zeigt uns zwar auch schon vereinzelt sein erstes zartes Gelb nach der dunklen Winterzeit, aber sein Gelb ist lange nicht so leuchtend. Es sind die Osterglocken, sie erwecken mit ihrer gelben Farbenvielfalt unsere Lebensfreude. Es ist wie ein Erwachen nach der langen Winterzeit.
Die Osterglocken erinnern uns an unsere Lebensfreude und die Sehnsucht, das Leben neu zu entdecken.

„...durch des Frühlings holden, belebenden Blick.", lautet eine Zeile aus „Faust" von Johann Wolfgang von Goethe. So wie die Natur erwacht, erwacht auch unsere Lebendigkeit.
Mit dem zunehmenden Licht erfahren wir Tag für Tag mehr Energie, und wir sollten unsere Herzenswünsche pflegen und verwirklichen. Die Natur lebt uns vor, dass die Kraft zur Lebendigkeit und Wachstum im Inneren liegen.
Der Neuanfang ist ein Ruf der Lebendigkeit. So wie die Osterglocken erblühen und uns mit ihrer gelben Farbenpracht anstrahlen, so sollten wir auch bereit sein, unsere Lebendigkeit und Lebensfreude zu erwecken und unser Herz zu öffnen. Offen sein für neue Visionen, Ideen und Gefühle.

Die Osterglocken lehren uns Wachstum, Lebendigkeit und Lebensfreude. Den äußeren und inneren Frühling genießen, die Wunder der Natur bestaunen.
Den Frühling bewusst erleben und die eigene Lebendigkeit und Lebensfreude erwecken.
Freudig den „eigenen Frühling" erfahren und neu in die Lebendigkeit starten.

Lebendigkeit

Die unbeschwerte Leichtigkeit des Seins (Lavendel)

Lavendel, wer denkt da nicht an die Bilder von riesigen blühenden Lavendelfeldern in der Provence? Sattes Blau-Violett der Lavendelblüten, so weit das Auge reicht. Eine Augenweide der besonderen Art und ein sinnlicher Duft. Die Lavendelblüten und auch die Blätter haben einen intensiven, aromatischen, ganz besonderen Duft, man spricht vom „Duft der Provence". Die zarten Blüten wiegen sich im mediterranen, warmen Sommerwind, man erahnt das Gefühl der südländischen Lebensphilosophie, die ganz besondere unbeschwerte Leichtigkeit des Seins.

Lavendel ist eine sehr beliebte Pflanze, er gehört zu den schönsten mediterranen Pflanzen und wird auch gerne in unseren Gärten angepflanzt.

Heute liebe auch ich den Lavendel. Das war nicht immer so, aus meiner Kindheit habe ich Lavendel als Mottenschutz in unangenehmer Erinnerung. Ich bin ein richtiger Lavendelfan geworden, in meinem Garten und meinem Haus habe ich überall Lavendel. Seine kleinen lila Blütchen verzaubern einen richtig. Manchmal erinnern sie an ein kleines Herzchen. Der Lavendelduft hat eine entspannende Wirkung, kann aber auch zugleich anregen und wirkt geistig klärend. Man fühlt sich wieder neu geordnet, neu in Balance – in einer Klarheit und inneren Mitte.

Lavendel hat die Herzen der Pflanzenliebhaber neu erobert und hat sich zu einer richtigen „Zauberpflanze", zu einer Heil- und Lieblingspflanze in Garten und Küche etabliert.

Der Name der aus dem Mittelmeerraum stammenden Pflanze leitet sich von „lavare" ab, dem lateinischen Wort für waschen. Zwar reinigt Lavendel selbst nicht, doch werden sein Duft mit Reinheit, Klarheit und Frische in Verbindung gebracht.

Echter Lavendel (Lavandula angustifolia/Syn. Lavendula officinales) gehört zur Familie der Lippenblütler. Er kann bis zu 60 cm hoch werden. Ursprünglich kommt Lavendel aus dem Mittelmeerraum, aber inzwischen findet man diese Pflanze auf allen Kontinenten. Im heimischen Garten kann er manchmal frostempfindlich sein, so habe ich mich leider schon von einigen Pflanzen trennen müssen.

Die aufrechten Zweige dieser strauchartigen Pflanze tragen lineare bis lanzettförmige, ganzrandige, graugrüne Blätter. Die unteren Blätter sind weiß behaart und scheinen filzig. Die Blüten sind langgestielte violette Scheinähren, die sog. Scheinquirlen. Diese bestehen aus 6 bis 10 Blüten. Die Blütezeit ist von Juni bis in den Spätsommer, dabei haben die Blüten eine unterschiedliche Färbung, von zart violett bis blauviolett. Neuere Züchtungen haben rosa und weiße Blüten.

Kraut und Blüten werden auch zu dieser Zeit gesammelt und getrocknet. Man muss beim Ernten darauf achten, dass trockenes und warmes Wetter herrscht. Danach soll Lavendel an gut durchlüfteten Stellen im Schatten trocknen und man hat noch lange Freude an den duftenden Ähren.

Viele der bekannten provenzalischen Lavendelfelder bestehen übrigens nicht aus echtem Lavendel, sondern aus Lavandin. Dies ist ein natürlicher Hybrid aus dem echten Lavendel und dem Speiklavendel, der besonders ertragreich ist.

Wissenschaftliche Untersuchungen unterstreichen die beruhigende und entspannende Wirkung von echtem Lavendel und Lavendelöl. Außerdem soll Lavendel entkrampfend, wundheilend, leicht antidepressiv, schmerzlindernd, entzündungshemmend und desinfizierend wirken.

Lavendeltee ist wohlschmeckend. Die äußerliche Anwendung von Lavendel, beispielsweise als Bad oder Massageöl, Duftöl oder im Duftkissen, regt einerseits unsere Sinne an, der Geruch (bei dem, der Lavendel mag) andererseits sorgt für Wohlbefinden und Entspannung.

Lavendel ist heutzutage aus den Gourmetküchen nicht mehr wegzudenken. In einigen französischen Kräutermischungen „Kräuter der Provence" ist auch Lavendel beigemischt.

Im alltäglichen Gebrauch gibt er unserem Zucker einen besonderen Geschmack, wenn man ein paar Lavendelblüten in das Zuckerglas mischt, verleiht er der weißen Farbe des Zuckers ein besonderes Flair und verzaubert mit seiner Duftnote. (Aber bitte nur „echten" Lavendel bzw. Lavendel, der als Küchenkraut angeboten wird, verwenden. Möglichst aus einem Bio-Anbau)

Die verschiedenen Lavendelarten waren auch schon früher wegen des frischen Duftes sehr beliebt und bekannt. Parfums und Seifen mit Lavendel sollen bereits seit dem 15. Jahrhundert verwandt worden sein. Es ist zu lesen, dass schon die Griechen und Römer Lavendel als Badezusatz zu schätzen wussten. Hildegard von Bingen empfahl ihn als Mittel gegen Kopfläuse, und auch der Arzt und Chemiker Paracelsus wendete Lavendel an. Im 16. und 17. Jahrhundert wurde Lavendel als wirkungsvoller Schutz vor Pest und Cholera gepriesen. Königin Elisabeth I. (1533-1603) von England soll Lavendeltee gegen ihren Migränekopfschmerz getrunken haben. Frühe Überlieferungen über die Anwendung von Lavendel stammen aus den Zeiten der alten Römer, die Lavendel zur Wundheilung eingesetzt haben sollen. Welch wunderbare Wirkung diese Pflanze hat, wird noch in der Komplementärmedizin erforscht. Aktuelle Studien in Bezug auf die Aromatherapie konnten neue Aspekte aufzeigen: Forscher untersuchten die Wirkung von kontinuierlichem Lavendelduft bei älteren Pflegeheimbewohnern mit erhöhtem Sturzrisiko und konnten eine Verbesserung des Gleichgewichts und der Gangsicherheit verbuchen (Quelle: Carstens Stiftung, „Weniger Stürze durch Lavendelduft 2/2013)

Wer Lavendel in den heimischen Garten pflanzt, vergesellschaftet ihn gerne beispielsweise mit Rosen, denn die Pflanze sieht hübsch aus und vertreibt Blattläuse von benachbarten Blumen.

Lavendel ist immer eine Wohltat, ganz besonders die kleinen Lavendelsträußchen, die man überall hinstellen kann, egal ob frisch oder getrocknet. Die Vielfältigkeit der Verwendung des Lavendels hat mich bei einem Besuch der „Parfümstadt" Grasse/Frankreich im letzten Jahr sehr beeindruckt.

Lavendel, eine Pflanze, die uns mit ihrem geheimnisvollen Violett verzaubert. Violett wird oftmals mit Weisheit und innerem Wissen in Verbindung gebracht. Violett soll das seelische Gleichgewicht fördern und findet sich als Farbe der Spiritualität.

Lavendel verzaubert uns mit seiner geheimnisvollen Ausstrahlung, ein kräftiger Halbstrauch mit zarten Blüten. Sie strahlen eine mediterrane Gelassenheit aus, zeigen uns aber auch ihre Beweglichkeit und Flexibilität, wenn der Sommerwind über die Blüten weht. Der Lavendel schenkt uns durch seine Farbenpracht und seinem herrlichen Duft innere Ruhe, Entspannung und Klarheit, bringt uns wieder ins innere Gleichgewicht. Es fühlt sich manchmal so an, als würde er Herz und Seele wieder in Einklang bringen.

Lavendel verleiht uns Harmonie und stärkt unsere Nerven. Er regt an und zugleich sorgt er für wohlige Entspannung. Er klärt durch seine reinigende Wirkung unsere Sinne und fördert so die Aufnahmebereitschaft für Neues.

Das Lila, die Farbe der Meditation, fördert unsere innere Weisheit. Wir lernen, mehr unserer Intuition zu vertrauen, und können so sehr viel leichter Neues erfassen und uns darauf einlassen.

Der Lavendel ist ein guter Lehrmeister für uns Menschen und unser Leben. Die mediterrane Gelassenheit, „die Leichtigkeit des Seins", macht uns im alltäglichen Leben gelassener. Einmal ruhig etwas sein lassen sorgt für weniger Stress. Wir erlangen wieder unsere Klarheit und so können wir im inneren Gleichgewicht bleiben.

Der Zauber des Lavendels vermittelt uns diese Leichtigkeit, lehrt innere Gelassenheit und fördert unsere innere Weisheit und Intuition.

Das Leben fühlt sich leichter an, wenn die unbeschwerte „Leichtigkeit des Seins" verstanden wird.

Leichtigkeit

Naturbotschaften

Dankbarkeit

„Dankbare Menschen sind wie fruchtbare Felder.
Sie geben das Empfangene zehnfach zurück."
AUGUST VON KOTZEBUE

Die Natur lehrt uns Dankbarkeit. Dankbarkeit für unser Leben und Dankbarkeit für all die täglichen Dinge in unserem Leben, die wir allzu oft als selbstverständlich hinnehmen. Dankbar sein heißt auch, Dinge besonders wertzuschätzen. Dankbarkeit macht zufrieden mit dem, was ist, und nicht, was sein könnte. Dankbare Menschen haben eine positive Ausstrahlung.

 **Sei dankbar und teile Wertschätzung.**

Erleuchtung

Mach es wie die Sonnenblumen, schon früh am Morgen wenden sie sich dem Sonnenlicht entgegen und sind „erleuchtet".

Wir Menschen können die Erleuchtung auch durch die Einfachheit erfahren. Der Yogameister „Yogi Bhajan" sprach von Erleuchtung und Erdverbundenheit und oftmals hat er Dinge ganz banal und einfach erklärt. Er empfahl seinen Yogaschülern, früh aufzustehen und zu meditieren: „Wenn die ersten Sonnenstrahlen auf dich fallen, wirst du erleuchtet".

Sich erleuchtet fühlen und durch das innere Licht – das innere Strahlen mehr Licht und Freundlichkeit in die Welt hinausstrahlen.

Hoffnung

„Blüht eine Blume, zeigt sie uns die Schönheit.
Blüht sie nicht, lehrt sie uns die Hoffnung."
CHAO-HSIU CHEN

Die Formulierung „Dum spiro, spero", solange ich atme, hoffe ich, findet sich bei Cicero und Seneca. Die deutsche allgemeinsprachliche Formulierung „Die Hoffnung stirbt zuletzt" soll uns Mut machen, niemals die Hoffnung zu verlieren.

„Hoffnung ist eine zuversichtliche innerliche Ausrichtung, gepaart mit einer positiven Erwartungshaltung, dass etwas Wünschenswertes in der Zukunft eintritt, ohne dass wirkliche Gewissheit darüber besteht."
(Quelle InternetlexikonWikipedia)

 Die Kraft der Gedanken und der Hoffnung in Verbindung mit einem liebevollen Gefühl in unserem Herzen kann, sinnbildlich gesehen, sogar Berge versetzen.

Dankbarkeit
Erleuchtung
Hoffnung

Über das Glück

W as ist Glück?
Jeder Mensch wünscht sich Glück!
Glück, wie kann ich es bekommen?

Glück kann man nicht kaufen, aber man kann es suchen und finden.

Manchmal ist es ganz klein und unscheinbar und manchmal liegt es direkt vor uns, wir müssen nur die Augen offen halten und achtsam sein....

Mein persönliches Glückserlebnis:

Nach einem langen Arbeitstag bin ich endlich nach 21.00 Uhr zuhause. Ich bin erschöpft und überlege kurz, was ich tun könnte. Soll ich mich zu meiner Familie auf das Sofa setzen und mich vom Fernsehen berieseln lassen, soll ich meinen Bügelwäscheberg endlich abbauen oder soll ich hinaus in die Natur gehen. Ich bin unschlüssig, denn das Wetter scheint im ersten Moment nicht einladend zu sein. Es ist ein Abend im Mai und es ist ungewöhnlich warm, der Himmel ist dunkelgrau und wolkenverhangen und es droht zu regnen. Trotzdem gehe ich mit meinen Hunden zum Spaziergang hinaus.

Der betörende Duft des Flieders strömt mir entgegen. Wir zweigen in Richtung der Felder ab und dann erreicht mich die Duftfahne der Rapspflanzen. Am Rapsfeld angekommen fühle ich mich trotz der Dämmerung von dem hellen Gelb wie angestrahlt und er-leuchtet.

Es ist eine ganz besondere Stimmung: die dunklen Wolken am Himmel, das frische Grün der Bäume und das leuchtende Gelb vom Raps in der Abenddämmerung. Ein Farbspiel voller Gegensätze. Die Farben und die

Düfte berühren mich, sie regen meine Sinne an. Ich inhaliere das Leben. Es heißt nicht umsonst, mit den Düften drücken die Blumen ihre Gefühle aus.

Der Kuckuck meldet sich in meiner unmittelbaren Nähe und in der Ferne singt die Nachtigall.

Ein unbeschreibliches Glücksgefühl erwärmt mein Herz und meine Sinne.

Ich fühle Glück. Ich fühle etwas, was man mit Geld niemals kaufen kann!

Die Natur lehrt und motiviert uns, aktiv zu werden und achtsam durch das Leben zu gehen.

Täglich nach dem ganz persönlichen Glück Ausschau halten – es entdecken und sich daran von Herzen erfreuen.

Die Augen öffnen für die kleinen Kostbarkeiten und „Glücksboten" des Alltags.

Achtsamkeit

Nur ein Tropfen

„Jede Erfahrung in unserem Leben gleicht einem Wassertropfen.
So werden wir langsam aber stetig zum Meer."
SOULDREAM

Nur ein Tropfen?
    Was kann ein einziger Wassertropfen schon bewirken!? Viel!
Voller Mut, Entschlossenheit, Zuversicht, Hoffnung, Kraft, Lebensfreude kann
sich dieser eine Wassertropfen anderen Wassertropfen anschließen,
sich verbinden, sich gemeinsam voranbewegen.
Viele Tropfen bilden ein Rinnsal.
Ein Rinnsal wird zu einem Bächlein,
aus einem kleinen Bächlein wird ein Fluss.

Der Fluss mündet im Meer.
Im Meer findet sich die große Kraft,
sie kann viel bewirken!
Wie auch nur ein einziger Tropfen.

„Auf der ganzen Welt gibt es nichts Weicheres als das Wasser.
Und doch in der Art, wie es dem Harten zusetzt,
kommt nichts ihm gleich.
Dass Schwaches das Starke besiegt und Weiches das Harte besiegt,
weiß jeder auf Erden, aber niemand vermag danach zu handeln."
Laotse

Welche Kraft und Möglichkeiten wir Menschen haben, lehrt uns der Wassertropfen. Alleine haben wir manchmal nicht so viel Kraft bzw. Energie und weniger Chancen, aber verbinden wir uns mit gleichgesinnten Menschen, können wir sehr viel mehr bewegen und verändern. Gemeinsamkeit verbindet und macht stark.

Das Wasser sucht sich seinen Weg, und so mancher raue Stein wird durch die „weiche Kraft" ganz glatt poliert.

Etwas verändern wollen, ein Bewusstsein erwecken bedarf einer gewissen Sanftheit. Dann kann man auch die Herzen der Menschen erreichen und zum Nachdenken anregen.

Härte dagegen erzeugt Druck und Widerstand, die Gedanken kreisen um Macht und Kampf und regen selten zum Nachdenken an.

Wir können aber etwas verändern, wenn wir gemeinsam durch unsere Worte und Taten und unsere Herzensenergie überzeugen können.

 **Das Wasser ist uns ein guter Lehrmeister, es lehrt uns, dass wir uns nicht hilflos oder ausgeliefert fühlen müssen, sondern dass wir uns nur miteinander verbinden müssen – wie die kleinen Tröpfchen.**

Gemeinsam kann man viel erreichen und mit Worten und Taten, beflügelt von unserem Mitgefühl, können wir das Harte liebevoll zum Aufweichen bringen.

Langsamkeit

Die Schnecke ist ein wunderbares Symbol für die Botschaft „Mut zur Langsamkeit". Die Natur und auch die Tiere zeigen uns, dass alles und jeder sein eigenes Tempo hat und es auch gewisse Grenzen der Belastbarkeit gibt.

Die Bäume und Pflanzen „leben" uns vor, dass es ein Maximum an Leistung und Ertrag gibt. Der Mensch könnte noch so viel Dünger verwenden, das Wachstum und die Ernte einer Pflanze ist begrenzt und irgendwann ausge-schöpft.

Wir können von den Pflanzen und Tieren lernen, eigene Grenzen der Belast-barkeit zu erkennen. Aktuelle Studien belegen, dass die Zahl der Erkrankungen durch zu viel Stress, Depressionen und Burn-out ständig steigt. Die Welt der

Menschen von heute entwickelt sich zu einer scheinbar technisierten Wissens-
gesellschaft, es wird ständig mehr Effizienz und Leistung gefordert. Das Einfache ist schon beinah zu banal, Multitasking wird erwartet. Mitgezogen von
diesem (Wahnsinns-)Strudel brennen innerlich immer mehr Menschen regelrecht aus, dabei waren sie, genau für diese Sache, einmal „Feuer und Flamme"
und haben voller Begeisterung dafür gearbeitet.

Immer mehrere Dinge auf einmal tun, sich täglich bis an die körperliche und
geistige Grenze auszupowern, geht an die Substanz und kann langfristig krank
machen.

Es sollte möglichst nicht zum großen Inferno „Burn-out" und zu einer inneren Kraftlosigkeit kommen. Wer jedoch in die Burn-out-Spirale geraten ist,
kann es als große Chance sehen. Wo etwas sinnbildlich ausgebrannt ist, kann
auch etwas Neues entstehen. Wie nach einem Waldbrand, ganz langsam zeigt
sich nach einiger Zeit schon neues Leben in einem zarten Grün.

Ganzheitliche Burn-out-Therapien bringen die ausgebrannten Menschen
zurück in die Einfachheit, beispielsweise zum bewussten Erleben der Natur.
Die Patienten sollen wieder lernen, den Boden unter den Füßen zu spüren,
durch einfaches Barfußlaufen am Fluss oder auf bestimmten Untergründen.
Die Menschen lernen die Natur und sich selber wieder bewusst und achtsam
wahrzunehmen: zu sehen, zu fühlen, zu riechen und zu schmecken. Den Boden
wieder unter sich zu fühlen, vermittelt ein Gefühl von „sich erden". Für diese
Erfahrungen werden Walderfahrungsspaziergänge angeboten, um die Natur
mit allen Sinnen wahrzunehmen. Eine gute Unterstützung ist die Arbeit im
Garten. Mit Pflanzen in Kontakt zu kommen, bedeutet auch, mit sich und dem
Leben in Kontakt zu sein. Der „leere" Mensch soll sich durch die Natur neu
erfahren und aufladen, vom Denken soll er in das Wahrnehmen und Fühlen
kommen. So lernt man wieder, sich voller Achtsamkeit nur auf eine Sache zu
konzentrieren.

Die „verkopften", innerlich ausgebrannten Menschen lernen zu gärtnern,
Beete zu bepflanzen und Unkraut zu jäten. Durch die Verbindung zwischen
Menschen und Pflanzen entsteht ein Gefühl der Lebendigkeit und unsere innere Lebensenergie, unsere Kraftquelle, kann wieder fließen. Eine innere, neue
Harmonie kann sich einstellen. Es gibt sogar spezielle therapeutische Ange-
bote, wie z. B. die Gartentherapie. Wer selber einmal ausgeblühte Rosen ge-
schnitten hat, der weiß, wie tief versunken man dies tut, und alles um einen
herum scheint auf einmal ganz unwichtig geworden zu sein.

Die Schnecke mit ihrer Langsamkeit kommt letztendlich auch an ihr Ziel, aber sie hat die Chance, viele Dinge um sich herum wahrzunehmen. Anders, als wenn man sich wie in einem rasenden „ICE des Lebens" fühlt und an vielen Dingen des Lebens scheinbar vorbeirauscht. Einige Menschen nehmen ihr Leben so wahr, als würden sie ständig auf Hochgeschwindigkeit laufen. Sie wollen eigentlich Zeit sparen, merken aber nicht, das sie tatsächlich Lebensqualität verlieren.

Erfolgreich zu sein, bedeutet nicht zwangsläufig, finanzielle Reichtümer anzuhäufen. Was nützen all die materiellen Reichtümer, wenn man keine Zeit zum Leben hat. Zeit zu haben, ist Reichtum und erfolgreich ist der, der auch das Leben in all seiner Fülle lebt.

Die Fragen sollte sich jeder täglich aufs Neue stellen: Habe ich heute schon gelebt? Habe ich mich heute achtsam und liebevoll wahrgenommen? Hatte ich Zeit zum Entspannen und habe ich mich heute schon gefreut?

Das Leben ist einfach zu wertvoll – anstatt sich auszubrennen lieber einfach leben und das Leben genießen.

 **Die Natur lehrt uns, Grenzen zu akzeptieren und Mut zur Langsamkeit zu entwickeln.**
Die Schnecke erinnert daran, „Zeit zu haben" und ohne Eile achtsam durch das Leben zu wandeln.
Das Leben bewusst und achtsam leben und Zeit für die schönen Dinge im Leben haben.

Der Liebes-Apfel (Apfelbaum)

D er Apfel begleitet die Menschen schon seit Urzeiten und gilt als Symbol für Liebe, Fruchtbarkeit und Leben.

Ursprünglich soll der Apfelbaum aus Asien stammen und schon in der Antike in Europa eingeführt worden sein, im Mittelalter in mitteleuropäische Gärten.

Wird ein Apfelbaum erwähnt, handelt es sich meistens um den Kulturapfelbaum (Malus domestica), der die essbaren Früchte trägt. Die Äpfel (Malus) gehören zur Pflanzengattung der Kernobstgewächse (Pyrinae) aus der Familie der Rosengewächse (Rosaceae).

Die Vielfalt der sommergrünen Apfelbäume ist groß. Der Kulturapfelbaum hat eine dicht belaubte, weit ausladende, breite Krone und kann bis zu 10 m hoch werden. Es gibt auch kleinere Exemplare oder sogenanntes Spalierobst, bei diesen Bäumen ist es leichter, die Äpfel zu ernten.

Die Äste sind aufwärts gerichtet und im Gegensatz zum Wildapfel immer dornenlos. Der Apfelbaum hat tiefe Wurzeln. Der junge Baum hat eine helle Rinde, die sich im Alter zu einer bräunlichen, abblätternden Borke verwandelt. Ende April bis Mai verzücken uns die Apfelblüten in Weiß bis Zartrosa. An Apfelbaumalleen oder Apfelbaumplantagen leuchten die Blüten wie ein weißes Blütenmeer, und wenn sie später vom Wind umhergewirbelt werden, fühlt man sich wie in einem Frühlings-Schneesturm aus allerfeinsten Blüten.

Die Blüte ist vor allem für viele Insekten, wie zum Beispiel die Bienen, eine wichtige Nahrungsquelle. Für den Baum ist es wichtig, dass die Insekten die Blüten befruchten, damit daraus ein Apfel wachsen kann.

Der Apfel bzw. das Fruchtfleisch, das meistens als Frucht bezeichnet wird, entsteht nicht aus dem Fruchtknoten, sondern aus der Blütenachse. Der Biologe spricht daher von den sogenannten „Scheinfrüchten", denn das Fruchtfleisch wird aus dem Blütenboden gebildet. (Die Apfelfrucht ist eine Sonderform der Sammelbalgfrucht). In diese ist die eigentliche Frucht, das Kerngehäuse mit den Apfelkernen, eingebettet.

Von dem Kerngehäuse mit den Apfelkernen haben wir vielleicht alle schon einmal aus dem bekannten Kinderlied „In einem kleinen Apfel" in der Schule gesungen.

Auf der ganzen Welt soll es mehr als 30.000 verschiedene Apfelsorten geben. Äpfel wachsen in Europa, Afrika, Amerika, Australien und Neuseeland. Deshalb können wir sie heute auch das ganze Jahr über essen.

Es gibt in Deutschland Sommeräpfel, deren Lagerfähigkeit begrenzt ist, während sich die Herbstäpfel sehr gut lagern lassen. Die Winteräpfel haben ihre Genussreife in der kalten Jahreszeit erreicht, die sie, bis auf wenige Ausnahmen, bis ins Frühjahr behalten. Im Volksmund heißen einige Sorten allgemein auch Weihnachtsäpfel oder Nikolausäpfel. Es war auch Knecht Ruprecht, der in seinem Sack Äpfel, Mandeln und Rosinen trug, um den Kindern ein Geschenk zu machen.

So einen „Nikolausapfel" kenne ich auch noch aus meinen Kindertagen. Mein Großvater erntete im Herbst immer eine ganz besondere Apfelsorte, den „Celler Dickstiel", diese wurden dann von ihm gut eingelagert und regelrecht bewacht. Ich musste mich in Geduld üben, um dann erst in der Adventszeit den Apfel genießen zu dürfen. Er war nicht mehr so knackig, sondern eher schrumpelig. Dies war aber das Besondere an dem Apfel mit einem unbeschreiblichen Aroma. Die Freude auf diesen Apfel war riesengroß. Ihn zu genießen war in meinen Kindertagen immer etwas Besonderes, und manchmal habe ich mir auch einen stibitzt, mit der Erlaubnis meiner Oma. Der „Celler Dickstiel" gehört zu einer sehr alten Apfelsorte und ist eher selten geworden. Dieser Apfelbaum mit seinen Früchten ist mir in so schöner Erinnerung geblieben, dass ich lange nach so einem Baum gesucht habe, um ihn in meinen Garten zu pflanzen.

Äpfel werden als Nahrungsmittel im Obstanbau angepflanzt und auch als Heilmittel in der Volkskunde verwandt.

„An apple a day keeps the doctor away." Diese bekannte Aussage bedeutet übersetzt so viel wie etwa: „Ein Apfel am Tag – Arzt gespart!".

Der Apfel trägt zwar den irreführenden lateinischen Namen „Malus", zu Deutsch „Übel, Leid und Unheil", aber in ihm steckt sehr viel Nährwert. Ein Apfel soll über 30 Vitamine und Spurenelemente sowie viele andere wertvolle Mineralstoffe (Phosphor, Kalzium, Magnesium, Eisen, u.v.m / Quelle www.gesundheit.de) enthalten. Zu erwähnen ist vor allem der Kaliumanteil, das den Wasserhaushalt reguliert und den Organismus entwässert.

Von der besonderen Heilwirkung der Äpfel, der verschiedenen Sorten und ihren Aromen konnte ich mich direkt bei Fachleuten aus dem Apfelanbau informieren. In meiner näheren Umgebung gibt es einige Apfelplantagen, und nicht weit entfernt ist das bekannte Apfelanbaugebiet im Alten Land. Dort bekam ich auf einem Apfelhof auch den tollen Tipp, bei einer Apfelallergie, von der sehr viele Menschen betroffen sind, auf alte Sorten zurückzugreifen. Man erklärte mir, dass bei den Neuzüchtungen die sogenannten Polyphenole weitestgehend herausgezüchtet worden sind, die für den säuerlichen Geschmack und die rasche Braunverfärbung nach dem Aufschneiden verantwortlich sind. Jeder Mensch reagiert sehr individuell, für mich war dies ein kostbarer Hinweis, denn von einigen Apfelsorten bekomme ich ein leichtes Kribbeln und Jucken im Rachen, was ich aus meiner Kindheit nicht kannte. Da ich Äpfel liebe, habe ich tatsächlich mit alten Apfelsorten keine Probleme beim Essen.

Hildegard von Bingen empfahl ebenfalls den Apfel. Er regt die Verdauung an und unterstützt bei Verstopfung. Erstaunlicherweise hilft der gleiche Apfel, nur fein gerieben, auch gegen Durchfall.

Die Wirkstoffe des Apfels sollen den Stoffwechsel anregen und das Blut reinigen. Apfelschalentee wird bei Nervosität und geistiger Erschöpfung empfohlen.

Der Apfel ist in der Mythologie, im Volksglauben und im Volksbrauch ein Symbol der Fruchtbarkeit, Erkenntnis und Liebe. Er ist auch in fast allen Kulturen hoch geschätzt und war als Symbol der Mutter Erde auch Göttinnen zugeordnet. Er ist auch ein Symbol der Weltherrschaft (Reichsapfel) und aus der griechischen Mythologie kommt der Begriff „Zankapfel". Der Apfel ist vermutlich das Obst, um das sich die meisten Mythen und Geschichten ranken.

Von der Vertreibung des Menschen aus dem biblischen Paradies nach dem Verzehr eines Apfels vom Baum der Erkenntnis über die griechische Mythologie, in der Paris, ein trojanischer Königssohn, die Göttin Aphrodite mit einem Apfel zur Schönsten kürt und damit indirekt den trojanischen Krieg ausgelöst haben soll, bis hin zu Schneewittchen, Frau Holle und Wilhelm Tell, taucht immer wieder der Apfel auf. Ebenso in Goethes „Faust".

Der Apfel gilt aber auch als Objekt der Kunst, er wird in unzähligen Bildern dargestellt. Bekannte Maler wie René Magritte, Paul Cézanne, Pablo Picasso und Andy Warhol ließen sich vom Apfel inspirieren. Und nicht zuletzt ist der Apfel, warum auch immer, Markenzeichen einer Computerfirma geworden.

Wer sich schon einmal mit dem mathematischen Thema „Goldener Schnitt" beschäftigt hat, dem ist auch schon ein Pentagramm (steht in Beziehung zum Goldenen Schnitt), also das regelmäßige Fünfeck, begegnet. In einem Apfel wird auch manchmal ein „magisches Symbol" erkannt: Wird ein Apfel halbiert, zeigt sich in der Form des Kerngehäuses ein Pentagramm. Für Pythagoras von Samos (570- 497 v. Chr.) war es ein wichtiges Symbol der Gesundheit, Ausdruck von körperlicher und geistiger Harmonie.

„Wenn ich wüsste, dass morgen die Welt untergeht,
würde ich heute noch ein Apfelbäumchen pflanzen."
MARTIN LUTHER

Damals dachten die Christen, das Weltende wäre nah und Luther sagte damit wahrscheinlich aus, dass man immer versuchen sollte, die Dinge zu verbessern, egal, wie aussichtslos die Situation erscheinen mag.

Dieser pure Optimismus ist unbeschreiblich und zeigt die Kraft der Zuversicht. Egal, wie düster die Aussichten sind, man soll die Hoffnung niemals aufgeben.
*Anstatt sich heute schon Sorgen über das Morgen zu machen, ist es sehr viel wichtiger, **heute** zu leben. Zu tun, was genau dieser Moment einem abverlangt, und genau diesen Moment **bewusst** zu leben, bedeutet, auch **bewusst** zu genießen.*
Das Zauberwort heißt Achtsamkeit und egal, was wir tun, wir sollten immer achtsam sein.

Im „Hier und Jetzt", voller Achtsamkeit im jetzigen Moment zu leben, können wir sehr gut von den Tieren lernen. Kein Tier der Welt grübelt heute schon über das Morgen und trägt noch die Lasten des Gestern mit sich herum. (Ein Paradox der menschlichen Intelligenz!) Das Heute wird gelebt, mit all seinen Facetten.

Diese Motivation schenkt uns der Apfelbaum mit seiner Furcht, denn die Apfelsymbolik erzählt uns von der Fruchtbarkeit, dem Leben, der Liebe, von Erkenntnis und Reichtum. Der Apfelbaum ist tief verwurzelt, er steht sicher im Leben und strahlt Ausgeglichenheit, Zufriedenheit und Optimismus aus, Eigenschaften, die auch unser Leben bereichern. Wenn wir gut verwurzelt sind, dann können wir uns gut entwickeln und unsere inneren Schätze fruchten lassen...

Der Apfelbaum lehrt uns, in der Gegenwart, im „Jetzt", zu leben und nicht erst morgen damit zu beginnen!
Optimismus, Zufriedenheit, Mitgefühl und Lebensfreude lassen unseren „inneren Reichtum" wachsen und werden seine lichtvollen Früchte tragen: unser Wohlbefinden.
Jetzt leben und das Leben lieben.

Wohlbefinden

Mutter Holunder (Holunder)

*I*nspiriert durch die „Tänzerin" (Die Botschaft der Eiche) hörte ich einmal wieder die wundervollen, naturverbundenen Lieder von Gila Antara. Einige ihrer Lieder belebten meine tiefen Gefühle, die ich gerade durch meine täglichen Waldspaziergänge im Frühjahr erfuhr. Aber ich fühlte auch, wie mein Kern – oder soll ich es meine Seele nennen? – immer weicher wurde, ein Gefühl beinah, wie innerlich angenehm aufzuweichen. Es mag zwar ein wenig pathetisch klingen, aber es war ein tiefes Empfinden durch die Verbindung von Natur und Musik. Berührt von meinen Emotionen kam mir plötzlich der Holunder in den Sinn.

Ein Holunderbusch war mir schon immer gut vertraut, denn auf dem Hof meines Elternhauses wuchs so ein Baum. Als Kind schnitten wir oft seine Zweige, außen fühlten sie sich hart an, aber innen waren sie ganz weich. Man konnte sie gut aushöhlen, um sie als Puste- oder Blasrohr zu verwenden. Welches Kind kann sich heutzutage noch über so ein einfaches Spielzeug freuen (!?).

Der Holunder (Sambucus) wirkt eher wie ein ästiger Strauch oder wie ein zartes Bäumchen. Er kann jedoch zwischen 3 und 7 m hoch werden. Der Ho-

lunder hat viele verschiedene Namen: El-
der, Ellhorn, Hölder, Holderbaum, Holderbusch, Holler und Flieder. Aus den großen
trugdoldigen, flachen Blütenständen mit
der gelblichweißen Blütenpracht verzaubert uns der Holderbusch im Mai/Juni.

Aus den wundervollen Blüten, die kleinen Sternchen ähneln, entwickeln sich
zum Herbst hin glänzendschwarze, manchmal dunkel-schwarz-violett schimmernde
Beeren, die aber nicht roh verzehrt werden sollten. Blüten sowie Beeren sind eine
ganz besondere Naturarznei in der Volksmedizin, und wer hat nicht schon einmal
bei einer Erkältung einen heißen Holun-
derbeersaft getrunken?

Meine Oma sagte beim Holunderbeerenpflücken manchmal (eine Weisheit
aus dem Volksmund): „Wenn du an einem Holunderbaum vorbeigehst, ver-
neige dich und zieh deinen Hut."

Damals habe ich es nicht so richtig verstanden, aber heute denke ich, es
war eine besondere Wertschätzung für diesen Busch, und man wollte ihm
die Ehrerbietung zeigen.

Es heißt, der Holderbusch sei der Sitz der schützenden Hausgötter. Aus
alten bäuerlichen Überlieferungen, die mir mein Großvater erzählte, wurde
der Holunder oft zum Schutz gegen böse Geister und zur Abwehr gegen Blit-
zeinschlag gepflanzt. Früher wurde auch sehr genau überlegt, ob man einen
Holunderstrauch einfach so fällen sollte.

Hans Christian Andersen schrieb das Märchen „Mutter Holunder": Ein er-
kälteter Junge bekam eine „gute Tasse Holundertee" zum Wärmen. „Einige
nennen mich Mutter Holunder, andere nennen mich Dryade, aber eigentlich
heiße ich Erinnerung." (aus Mutter Holunder)

Und wer kann sich nicht an den Kindertanz mit dem alten Kindervers erinnern: „Ringel, Ringel Reihe, der Kinder sind wir dreie. Wir sitzen unterm Holderbusch und machen alle husch, husch, husch"?

Bäume, Pflanzen und Blumen haben eine besondere Wirkung auf die Landschaft und auch auf uns naturverbundene Menschen. *„Dabei sind die Ausmaße des physischen Baumes nicht notwendigerweise bezeichnend für die Kraft, mit der eine Baumart die Menschen nachhaltig beeindruckt. Das bescheidene Erscheinungsbild des Holunders ist ein gutes Beispiel hierfür"* (Fred Hageneder).

Die Bescheidenheit seiner Erscheinung zeigt der Holunder aber nur außerhalb seiner Blüte, denn in der Blütezeit ist er nicht nur eine wundervolle Augenweide durch all die vielen hellen Sternchenblüten, sondern der Holunder betört auch mit seinem einzigartigen Duft.

Ich nehme den Holunderbusch auch als etwas ganz Besonderes wahr, seine bizarren Äste, seine wundervollen Sternchenblüten im Frühjahr und zum Herbst die Beeren. Der Holunderbusch ist ein großes Geschenk für uns Menschen.

Nutzen wir die Kraft dieses unscheinbaren Baumes. Jeder Mensch hat in seinem Leben schon einmal unangenehme Dinge erfahren müssen. Dies hat die Seele verletzt und vielleicht wurde sogar das Herz verschlossen, um solchen Schmerz nicht noch einmal fühlen zu müssen. Wichtig ist, diese seelischen Verletzungen und Gefühle nicht zu verdrängen, sondern sie anzuschauen und zuzulassen. Wir dürfen uns mit all unseren Verletzungen, Verhärtungen und Gefühlen annehmen, diese können nach und nach aufweichen und dann einfach losgelassen werden.

Je mehr wir von unserem alten Ballast (und all die Verletzungen) loslassen, den wir im Laufe unseres Lebens „gesammelt" und „aufgestapelt" haben – desto weicher, sensibler und zarter dürfen auch wir (wieder) werden.

 Der Holunder lehrt bzw. führt uns von einer „harten Schale zum weichen Kern".

Der Holderbusch bringt uns zurück zu unserem unbeschwerten Kindsein: Leichtigkeit, Lebensfreude, Fröhlichkeit und Unbeschwertheit leben.

Die eigenen Gefühle und die Individualität annehmen und zum Strahlen bringen – so wie die kleinen Sternchen der Holunderblüte.

Unbeschwertheit

Unentdeckte Kostbarkeiten (Löwenzahn)

Der Löwenzahn (Taraxacum) ist ein kleines, gelbes Wunderwerk der Natur. Die Pflanze ist sehr anpassungsfähig und stellt kaum Ansprüche an den Boden. Für den einen ist es eine Plage, ein Unkraut, das vernichtet werden muss, für den anderen ist es ein Geschenk Gottes.

„Jäten ist Zensur an die Natur", so sagte es Oskar Kokoschka.

Der Löwenzahn wächst unaufhaltsam und dort, wohin sein Samen gelangt. Er scheint grenzenlos und unbändig zu sei. Selbst zwischen irgendwelchen Mauerritzen oder Pflastersteinen fühlt sich der Löwenzahn wohl.

Die Bewertung liegt auch immer an dem Blickwinkel des Betrachters. So beschreibt ein Finnisches Sprichwort: „Dem Fröhlichen ist jedes Unkraut eine Blume, dem Betrübten jede Blume ein Unkraut."

Der Löwenzahn ist wie auch das Gänseblümchen eine Pflanze unserer unbeschwerten Kindertage. Mit welcher Freude wir die leuchtend gelben Blümchen gepflückt haben oder später über die Löwenzahnwiesen gelaufen sind, um uns an den Pusteblumen zu erfreuen. Uns Kinder hat der Löwenzahn immer erfreut. Für unsere Haustiere, wie zum Beispiel die Hauskaninchen, war es ein leckerer Genuss. Auch der Ärger der Mutter über unsere Flecken in der Kleidung oder unsere verklebten Händchen von der Milch des Löwenzahns war schnell verflogen. So wie die kleinen Schirmchen der Pusteblume, die lustig in die Luft gepustet wurden.

Löwenzahn ist eine Pflanzengattung aus der Familie der Korbblütler (Asteraceae). Ihr bekanntester Vertreter ist der heimische Gewöhnliche Löwenzahn, die „Pusteblume". Seine Namen sind Taraxacum (lat.), Dandelion (engl.), Butterblume, Echter Löwenzahn, Kuhblume oder Wiesen-Löwenzahn.

Löwenzahn-Pflanzen sind weltweit verbreitet und es gibt verschiedene Arten, die alle ähnlich aussehen. Aber die Blätter der Pusteblume sind nicht behaart, so wurde mir das Unterscheidungsmerkmal als Kind erklärt. Der Löwenzahn gedeiht überall und schon im zeitigen Frühjahr zeigt er seine gezackten länglichen Blätter, die in Form einer Rosette sich dem Sonnenlicht aus dem Boden entgegenstrecken. Aus den Blättern mit einem sägeähnlichen Muster wächst dann ein runder hohler Stengel, der bis zu 30 cm hoch wird. Der Stengel enthält einen weißen Milchsaft und schon bald zeigt sich dann die geschlossene Blüte. Die gelben Korbblüten verzaubern dann die Wiesen im Frühjahr in wunderschöne leuchtende Teppiche. Bis in den Sommer ist das satte Gelb zu bestaunen. Bei trübem Wetter schließen sich die Blüten.

Für so manchen peniblen Gärtner ist der Löwenzahn eine Plage, denn seine Pfahlwurzel kann bis zu 30 cm lang werden und muss sorgfältig ausgestochen werden. Fliegen erst einmal die Samen der Pusteblume, dann ist die Vermehrung kaum zu stoppen.

Die Entwicklung von der Blüte zur Pusteblume ist rasant. Schon nach kurzer Zeit reifen die Blüten und entwickeln dann die runden Pusteblumen, die Schirmchenflieger. An den kleinen fallschirmartigen Gebilden hängt ein Samen, aus dem sich eine neue Löwenzahnpflanze entwickeln kann. Sogenannte „Windflieger", wie der Löwenzahn, lassen ihren Samen im Wind treiben.

Der Löwenzahn erfreut nicht nur durch sein leuchtendes Grün und Gelb, sondern findet auch in der Küche als „Allround-Talent" seine Verwendung. Es gibt viele Rezepte vom Löwenzahn-Pesto bis hin zum Löwenzahnsirup. Löwenzahn schmeckt lecker!

Bereits im 16. Jahrhundert wurde Löwenzahn als Arzneipflanze verwendet. Hildegard von Bingen empfahl „Taraxcacum officinale" für eine Blutreinigungskur, und auch für die kräuterkundige Maria Treben war der

Löwenzahn eine wichtige Heilpflanze zur Belebung und Anregung der Entschlackung des Körpers.

„Er stimuliert den gesamten Zellstoffwechsel des Organismus, fördert den Gallenfluss und wirkt auf Grund seines hohen Kaliumanteils harntreibend. Der Löwenzahn: wahrhaft ein „natürliches Universaltalent"! (so schreibt Firma Walther Schoenenberger über den Löwenzahn). Er wird gerne als Tee oder Saft empfohlen.

Auf der Rückseite der 500-DM-Banknote war sogar ab 1992 ein Löwenzahn abgebildet, auf dem eine Raupe und ein Falter des Grauen Streckfußes sitzen. Der Löwenzahn scheint eben sehr beliebt zu sein.

Der Löwenzahn trägt durch seine besonderen Eigenschaften für uns Menschen das Symbol der absoluten Lebensfreude und des Optimismus in sich. Die Pflanze zeigt sich anspruchslos und sehr anpassungsfähig. Durch ihre besondere Wuchskraft scheint sie beinah unverwüstlich, sehr robust und durchsetzungsfähig zu sein.

Ihr leuchtendes Gelb bringt viel Licht und Lebensfreude in die Welt. Gelb ist die Farbe der Lebensfreude und stimmt einen fröhlich. (Smileys sind auch meistens gelb).

Wer jemals an einer von einem Blütenmeer übersäten Löwenzahnwiese Rast gemacht hat, der weiß welch wundervolle Energie von diesem besonderen Gelb ausgestrahlt wird. Allein das Anschauen bringt uns Menschen Glücksgefühle. Man hat das Gefühl, als würde man von vielen kleinen Sonnen angestrahlt werden. Die Sonne schenkt uns auch Vitalität und Lebensfreude.

Nach dem Verblühen erinnert uns die Pusteblume an die unbeschwerte Leichtigkeit der Kinderzeit, die Zeit voller Abenteuerlust und Fantasie. Kinder, die einfach nur die Pusteblumen blasen und verzückt mit ihrer Aufmerksamkeit den kleinen aufsteigenden Fallschirmchen folgen, vergessen vor lauter Begeisterung manchmal die Welt um sich herum. Geht es uns Erwachsenen nicht auch manchmal so? Ich liebe es, Pusteblumen zu pusten! Löwenzahn beflügelt und schenkt Leichtigkeit und Lebenskraft.

So luftig und leicht fliegen die Schirmchen davon, dennoch ist die Pflanze tief „pfahlverwurzelt" in der Erde, sie trägt so eine sichere „Bodenständigkeit" in sich.

Wann immer ich eine Pusteblume blase, wird mir sinnbildlich bewusst, wie einfach das Loslassen sein kann. Es ist etwas herangereift, und wenn der richtige Zeitpunkt gekommen ist, darf etwas losgelassen oder in die Welt hinausgetragen werden, so wie der Samen der Pusteblume.

Die kleinen Schirmchen erinnern uns daran, auch die eigenen Kinder irgendwann loszulassen, damit sie nun ihren eigenen Weg finden und reifen können.

Die Pusteblumen erinnern uns auch daran, unsere eigenen Ideen, Visionen, Pläne oder Vorhaben als ein kleines Samenkorn in die Welt zu senden. So kann unser „Samen" sinnbildlich übertragen einen sicheren Ort zum Gedeihen finden und es kann sich etwas Großartiges entwickeln.

Aber die kleinen, fliegenden Samen der Pusteblume erinnern uns auch daran, Gedanken oder Botschaften und Beiträge in die Welt hinauszutragen. Wenn wir alle so ein kleines Schirmchen sinnbildlich mit einem Samen bzw. einer Botschaft oder verbunden mit einer guten Tat für die Heilung von „Mutter Erde" lossenden bzw. in die Welt hinaustragen, würden wir für eine positive Veränderung und Rettung der Erde einen kleinen, aber sehr wertvollen Beitrag leisten.

Der Löwenzahn lehrt uns das Geheimnis, wie leicht es im Leben sein kann, voller Lebensfreude, Leichtigkeit und Optimismus seine Ziele zu verfolgen und zu erreichen: nicht abgehoben, sondern bodenständig – anpassungsfähig, durchsetzungsfähig und voller unverwüstlicher Wuchskraft.

So können auch wir die eigenen Ideen, Visionen, Pläne oder Vorhaben in die Welt hinaussenden und umsetzen – grenzenlos – und Großartiges erreichen.

Lebensfreude

Die Kraft der Gefühle

„Einem Menschen, der viel Liebe gibt, wenden sich auch die Tiere zu; selbst die Blumen scheinen ihm zu folgen, wenn er an ihnen vorübergeht. Sie scheinen seine Liebe zu erkennen und zu erwidern. Liebe kann sich ausdehnen, sie kann auch das ganze Universum umfassen. Sie kann heilen."
BEAR HEART, INDIANISCHER SCHAMANE

Liebe ist eine unbeschreibliche Kraft, die manchmal wahre Wunder vollbringen kann. Dort, wo die Liebe sein darf, kann Wunderbares geschehen. Manchmal gleicht es einem Zauber. Was heute wissenschaftlich untersucht wird, war bereits 1962 in der Findhorn-Gemeinschaft selbstverständlich: die liebevolle Verbundenheit zur Umwelt. Die Findhorn-Gemeinschaft folgte ihrer Vision und legte auf einem unfruchtbaren Boden ohne Vorkenntnis einen Garten an, der scheinbar aus unerklärlichen Gründen prächtige Ernteergebnisse hervorbrachte.

Dieser „Wundergarten" war für Agrarwissenschaftler und Biologen im wahrsten Sinne des Wortes ein Wunder. Es wurden Bodenproben untersucht, die aber zu keinem logischen Ergebnis führten, und somit gibt es keine wissenschaftliche Erklärung für das „Phänomen Findhorn".

Gabriele Backhaus lebte selber 5 Jahre in der Findhorn-Foundation und sie beschreibt das Geheimnis von Findhorn kurz und verständlich:
- *Harmonie und Kommunikation mit dem Pflanzen- und Tierreich*
- *Zusammenarbeit mit den Naturgeistern, denn die Natur sprach auf ihre spirituelle Arbeit an*
- *Unterstützung durch die Devas*
- *Glaube an Gott und Vertrauen.*

Einige Pflanzenforscher gehen schon lange davon aus, dass Pflanzen Gefühle haben und bestimmte Strukturen aufweisen, die ähnliche Funktionen wie das menschliche Nervensystem erfüllen. Der Zellularbiologe Dr. Frantisek Baluska von der Universität Bonn vertritt die Auffassung, dass Pflanzen über eine gewisse Form von Intelligenz verfügen, Empfindungen haben und zur Kommunikation fähig sind. Andere Forscher entdeckten, dass Pflanzen Berührungen lieben oder auch, wie im Buch „Das geheime Bewusstsein der Pflanzen" (Joseph Scheppach, Wissenschaftsautor) beschrieben, auf klassische Musik bzw. auf deren Schall positiv reagieren.

Nicht nur die Pflanzen reagieren auf positive Zuwendung, sondern auch wir Menschen und die Tiere. Positive Zuwendung, Fürsorge und liebevolle Gefühle nähren nicht nur die Seelen, sondern regen auch die positive „Biochemie" im Körper an, ein Wohlbefinden zu verspüren. So manche Zelle hat schon mit einer Spontanheilung reagiert, so dass sich die Wissenschaft auch bei uns Menschen immer mehr dieses Themas annimmt.

Die Natur lehrt uns die bedingungslose Liebe. Die heilende Kraft der Zuwendung, Fürsorge, Mitgefühl und Liebe ist die stärkste Energie, die wir mit anderen teilen sollten.
Wer seine Liebe „verschenkt", braucht keine Sorge zu haben, denn wer Liebe schenkt, dem wird auch Liebe zurückfließen.
Wer sich für die Liebe und diese heilende Kraft öffnet, wird selber zu einer unerschöpflichen Quelle der Liebe werden.
In Liebe sein, Liebe leben und Liebe verschenken.

Zuwendung

Verzeihen

Ich bekam vor langer Zeit einmal ein kleines Eichenpflänzchen geschenkt. Die Pflanze war aus einer Eichel einer hundertjährigen Eiche gekeimt. Es war ein Herzensgeschenk und ich sollte immer gut für die kleine Eiche sorgen.

Der Topf mit der kleinen Pflanze stand auf meiner Terrasse, so dass ich sie immer gut sehen konnte. Ich pflegte die Eiche, denn sie sollte einmal ein großer Baum werden.

Dann war ich ein paar Tage nicht zuhause, und als ich zurückkam, war meine kleine Eiche fast vertrocknet und sie hatte bereits einige Blätter verloren.

Ich war sehr traurig, wollte aber die Hoffnung nicht aufgeben. Ich wässerte sie, pflegte sie und sprach ein paar liebevolle Worte zu ihr. Schon nach ein paar Tagen war ein neues, kleines Blatt sichtbar und die Eiche schlug wirklich wieder aus und konnte sich prächtig entwickeln.

Es ist zwar „nur" eine kleine Eiche, aber für mich war es eine besondere Eiche mit besonderer Bedeutung.

Es war ganz allein mein Fehler, dass die junge Pflanze beinah vertrocknete. Dennoch ist sie wieder ausgeschlagen. Sie hat mir scheinbar meinen Fehler verziehen und mir eine neue Chance gegeben, besser auf sie aufzupassen.

Wir machen alle einmal Fehler im Leben, denn wir sind nicht perfekt. Niemand ist perfekt und kann perfekt sein.

Die kleine Eiche hat mir meinen Fehler wohl verziehen und mir eine zweite Chance gegeben. Nun liegt es an mir, sie etwas sorgfältiger zu umsorgen. So sollten wir Menschen auch miteinander umgehen. Fehler können geschehen, aber jeder hat immer eine zweite Chance verdient.

Die kleine Eiche lehrt uns:
Niemand kann perfekt sein.
Sich selber erlauben,
Fehler zu machen,
und sich diese auch verzeihen
sowie auch anderen Menschen
Fehler verzeihen und eine
zweite Chance schenken –
es ist ein wundervolles
Miteinander.

Verzeihen

Vernebelt sein

*E*ine persönliche Erfahrung im Nebel:

Ein Spaziergang im Herbst an der Elbe bei Hamburg.
Der Herbsttag zeigt sich trüb und es ist nebelig.
Es ist gerade Ebbe und ich gehe mit meinen Hunden auf einer langen Sand-
bank spazieren.
Der Nebel verdichtet sich.
Der Nebel umhüllt mich und Nebelschwaden ziehen über das Wasser.
Es wirkt alles sehr magisch und zugleich auch unheimlich.
Meine Sinne sind wach und angespannt. Ich höre mehr, als ich sehen kann.
Ich kann inzwischen nichts mehr sehen, nur noch Nebel. Überall.
Ich spüre Unruhe, sogar ein wenig Angst.
Angst wovor? Vor mir und meinen Gefühlen?!
Mein Atem stockt, die Nebelschwaden hüllen alles ein.
Ich fühle mich allein, ganz allein in der Natur.
Verbunden mit der Natur, aber verunsichert und unsicher.
Was kann da vor mir liegen, was ich nicht sehen kann…?
Ich fühle mich allein, aber ich bin doch mit mir. Ich bin.
Ich rufe meine Hunde heran, sie geben mir Sicherheit
und wir verlassen die Sandbank.
Ich kann wieder die Welt um mich herum sehen.
Mein Atem entspannt sich.
Der Nebel löst sich auf, nur noch über dem Wasser ziehen die Nebelschwaden.
Wie durch ein Wunder bricht die Sonne plötzlich durch.
Ich stehe im Sonnenlicht und sehe aus einer Distanz heraus die Nebelwand
über dem Wasser.
Ich fühle mich wieder sicher und wohl, hell und von der Sonne „erleuchtet".

Dieses kleine „Abenteuer" war eine sehr spannende Erfahrung für mich. Eine tolles Erlebnis, bei Nebel einen Ausflug auf die Sandbank zu machen. Die Sandbank kenne ich gut, und sie ist ja nicht so groß, dass man sich verlaufen könnte. Es war eine wertvolle Erfahrung für mich, denn Nebel ist mir vertraut, aber so einsam auf einer Nebelbank zu stehen, war ein ganz neues Gefühl. Ich konnte spüren, wie es sich anfühlt, wenn die Sinne „benebelt" sind.

Vom Nebel vollkommen eingehüllt zu sein bewirkt, dass alles um einen herum vernebelt ist. Die eigene Wahrnehmung ist plötzlich eine andere.

Haben wir nicht auch manchmal so etwas wie Nebel oder eine Nebelwand vor den Augen und sehen das Einfache und Wesentliche nicht mehr? Man kann einfach nicht mehr klar sehen und denken. Das Leben scheint an einem nur so vernebelt vorbeizuziehen. Übersehen wir so die Schönheiten des Lebens und der Natur, weil wir scheinbar so beschäftigt oder von anderen Dingen eingehüllt sind?

Die Natur lehrt uns, sich nicht von unnötigen Dingen „vernebeln" zu lassen.

Fühlen wir uns einmal wie benebelt und können nicht mehr klar denken, oder sehen wir das Wesentliche nicht mehr, ist es umso wichtiger, sich selber voller Vertrauen zu spüren und zu entspannen.

Jeder Nebel wird irgendwann vom Sonnenschein aufgelöst und alles ist wieder hell, klar und lichtvoll, so ist es in der Natur und auch bei uns Menschen.

Das Wichtige und Wesentliche im Leben wieder frei und klar sehen, innere Klarheit spüren.

Klarheit

Glück und Liebe (Maiglöckchen)

Alles neu, macht der Mai – so heißt es im Volksmund. Vielleicht ist genau aus diesem Grund das Maiglöckchen ein besonderer Frühlingsbote, mit seinen weißen, glockenartigen Blüten und dem intensiven Duft, ein Symbol für Glück und Liebe. Diese zarten Blumen sollen „innige Liebe" ausdrücken. Das Grün der Blätter symbolisiert Hoffnung und Wachstum und das Weiß der Blüten signalisiert Reinheit.

Wer Maiglöckchen am 1. Mai bei sich trägt, soll das ganze Jahr Glück haben, so heißt es. Deshalb verschenkt man in Frankreich zum 1. Mai am liebsten Maiglöckchen. Dies erfuhr ich von den Maibauern aus meinem Dorf. Welch ein Zufall, dass ich in einem „Maiglöckchendorf" wohne, dessen Wappen sogar unter anderem ein Maiglöckchen schmückt. Seit 1899 werden hier Maiglöckchen angebaut.

Früher wurden sie zu Heilzwecken verarbeitet, heute sind sie nur noch als eine besondere Blume gefragt. Von den Maibauern und Maibäuerinnen in meinem Dorf habe ich sehr viel Neues und Wissenswertes über diese Pflanze erfahren können. Es war sehr spannend, ihnen bei der Arbeit zuzuschauen und von der Pflanzzeit bis zur Ernte alle Arbeitsschritte zu begleiten.

Eine große Überraschung war, als ich eines Morgens einen üppigen Strauß frischer Maiglöckchen vor dem Haus stehen hatte, denn Maiglöckchen sollen Glück bringen.

Das Maiglöckchen gehört auch zu den sogenannten „Marienblumen" und gilt als ein christliches Symbol des Heils, der reinen Liebe, weshalb man sie sehr gerne beispielsweise in Brautsträuße steckt oder den weiblichen Konfirmandinnen auf die Konfirmandenbibel legt.

In der allgemeinen Blumensprache ist das Maiglöckchen ein Symbol für Glück und Liebe, Seelenreinheit, Herzensstärke, Ende allen Kummers und Neuanfang sowie Träger der Botschaft: „Das Glück kehrt zurück".

Mit dem Neuanfang mag auf jeden Fall die „Neue Zeit", das Frühjahr, gemeint sein, so wie es auch August Heinrich Hoffmann von Fallersleben (1798-1874) in seinem Lied „Maiglöckchen und die Blümelein" ausdrückt:
„Maiglöckchen läutet in dem Tal, das klingt so hell und fein, so kommt zum Reigen allzumal, ihr lieben Blümelein."

Auch Joseph Freiherr von Eichendorff (1788-1857) schreibt von dem Läuten der Maienglocken und widmet sich in „Maiglöckchen" dem Neubeginn: „Frühling ist es wieder und ein Jauchzen überall."

Aber das Maiglöckchen hat nicht nur seine Vorzüge: „Des einen Freud, des anderen Leid". Ich kann mich noch gut an meinen Maiglöckchenstrauß auf meiner Konfirmationsbibel erinnern, der intensive Duft hat meine Nase zum Laufen gebracht. Ich liebe Maiglöckchen, aber lieber mit etwas mehr Abstand.

Das Maiglöckchen (Convallaria majalis) ist eine geschützte und giftige Pflanze. Sie ist wegen der in der Pflanze enthaltenen Glykoside zugleich Gift- und Heilpflanze in der Homöopathie und darf auf keinen Fall selbst angewendet werden.

Das Maiglöckchen ist in fast ganz Europa und im gemäßigten Asien heimisch und weit verbreitet. Es ist eine ausdauernde Pflanze, die Wuchshöhen von mehr als 10 cm erreicht. Zuerst sichtbar sind die großen, dunkelgrünen, ovalen bis lanzettlichen Blätter. Die Pflanze besitzt ein bis zu 50 cm tief verwurzeltes Rhizom (Rhizom, griechisch: „Eingewurzeltes"; wird in der Botanik als ein meist unterirdisch oder dicht über dem Boden wachsendes Sprossenachsensystem beschrieben). Von dem Rhizom gehen nach unten die eigentlichen Wurzeln und nach oben bilden sich die Triebe und die Blätter aus. Im Kulturanbau wird dies durch regelmäßige und aufwendige Pflege verhindert, da sich die Pflanzen sonst unkontrolliert wild vermehren würden.

Während der Blütezeit des Maiglöckchens, je nach Witterung von April bis Juni entwickelt die Pflanze ihre glockenförmigen weißen Blüten, einen traubigen Blütenstand mit fünf bis zehn nickenden, breitglockigen Blüten. Nach der Reife trägt dieser dann die leuchtend roten, kugeligen Beeren, die dann den Samen enthalten. Die Samen werden aber nicht eingesät, es würde viele Jahre dauern, bis ein Maiglöckchen daraus wachsen würde.

Das Maiglöckchen wird über Ableger, die sogenannte „Ranke", die sich im Wurzelgeflecht befindet, vermehrt. Nachdem die lanzettlichen Blätter abgestorben sind, beginnt im Herbst (Oktober/November) die Zeit der Ernte- und auch Pflanzzeit von Maiglöckchenpflanzen. Vor der Ernte hatten die Pflanzen eine zweijährige Wachstumsperiode. Sie werden in zusammenhängenden Pulten aus der Erde herausgenommen und müssen danach auseinandergerissen und sortiert werden. Das Sortieren der geernteten Maiglöckchen-Wurzeln nennt man „pulen". Dies ist eine sehr aufwendige und mühsame Arbeit,

denn nicht jede Pflanze hat einen Blühkeim. Kostbar sind die Pflanzen, die in ihrem Wurzelgeflecht einen sogenannten „Blühkeim" tragen. Der Unterschied zwischen Pflanzen mit oder ohne Blühkeim ist nur mit geübtem Auge und Händchen zu erkennen. Es ist oft ein langer Lernprozess, um dieses Handwerk zu erlernen. Eine kaum erkennbare Wölbung in der Spitze zeigt, dass sich ein Blühkeim in der Pflanze befindet. Die Pflanze ist sozusagen „schwanger". Öffnet man diesen, so zeigt sich ein kleines Wunder. Es erinnert an ein kleines „Maiglöckchenbaby", welches noch ganz eingebettet ruht und darauf wartet, zu erblühen. Der aussortierte Blühkeim wird dann von den Händlern eingefroren, um Maiglöckchen nach Bedarf vorzuziehen, damit sie schon im nächsten Jahr zarte, weiße Glöckchen zeigen. Aussortiere Ranken ohne Blühkeim werden von den Maiblumenbauern wieder in die Erde gesetzt und können nach 2 Jahren wieder neu geerntet werden.

Wann immer ich die Maiglöckchenbauern, die Männer und Frauen, auf dem Feld beobachte, wie sie voller Hingabe und Ausdauer Stund um Stund die Maiglöckchen zu jeder Jahreszeit pflegen, vermittelte es mir den Eindruck, wie sehr die Menschen in ihre mühsame Arbeit vertieft sind. Ihre Aufmerksamkeit wird ausschließlich den Pflanzen gewidmet. Es scheint so, als wäre die Pflege der Maiglöckchen weniger Arbeit, sondern eher eine „Meditation". Mit genauso viel Muße und Hingabe findet dann die Ernte der Maiglöckchenpflanzen statt.

Wer die Natur genießt und aus dem Beschleunigungswahnsinn des Alltags aussteigt und sich in die Natur begibt oder sogar die Möglichkeit hat, im eigenen Garten zu arbeiten, der weiß um den Schatz des „Zur-Ruhe- Kommens". Ein Zauberwort der Zukunft heißt „Entschleunigung" – eins nach dem anderen zu erledigen. Die Zeit scheint manchmal so schnelllebig und hektisch zu sein, aber beim Zuschauen der Maibauern gewinnt man ein Bild, das einem Entschleunigung und Achtsamkeit präsentiert.

In die Tiefe gehen und sich freudig auf eine Sache konzentrieren, das bringt Erfüllung und Freude und verleiht Gelassenheit. Dies lehren inzwischen auch die Business-Psychologen in ihren Seminaren.

Etwas tun, was einem reinste Freude bereitet und Erfüllung schenkt, lässt einen Zeit und Raum vergessen, man ist dann im sogenannten „Flow". Dies kann alles sein. Die Natur tut manchmal noch ihr Bestes dazu.

 Das Maiglöckchen lehrt uns, von der wohltuenden Energie der Gelassenheit und der Ruhe und Entspannung. Zur Ruhe kommen, Gedanken klären, Freude empfinden, einfach glücklich sein und tun, was das Herz bewegt.
Gelassenheit spüren, Wohlbefinden wahrnehmen, Glücksgefühle genießen – das ist Lebenselixier pur.

Gelassenheit

Lustiger grüner Krauskopf (Petersilie)

Wer kennt sie nicht, die Petersilie? Früher eher nur als Suppengewürz oder als Dekoration für die kalten Platten verwendet, ist es heute ein beliebtes Kraut, man kann sagen, das bekannteste Kraut der deutschen Küchen! Petersilie gibt es sowohl mit glatten oder mit dekorativen krausen Blättern und die Pflanze erinnert einen an einen lustigen Krauskopf.

Petersilie (Petroselinum crispum) ist ein wichtiges Gewürzkraut und man kann es überall im Topf stehen haben: In der Küche, auf dem Balkon oder auf der Terrasse. Petersilie gedeiht auch prächtig im Garten.

Im Frühjahr treibt die rübenartige Wurzel einen „Strauß" mit vielen kahlen Stängeln aus, an denen entweder krause oder glatte Blätter wachsen. Die Petersilie kann eine Wuchshöhe von ca. 30 bis 90 cm erreichen.

Die Petersilie wurde im antiken Griechenland als heilige Pflanze angesehen. In Mitteleuropa wurde die Pflanze zunächst als Heilkraut in mittelalterlichen Klöstern angebaut und daraufhin auch in der Küche eingesetzt.

Dass die Petersilie auch eine Heilpflanze ist, ist den wenigsten bekannt. Sie wirkt durch ihren hohen Vitamin C- Gehalt belebend und hilft gegen Frühjahrsmüdigkeit. Die Blätter der Petersilie werden als Küchenkraut meist roh oder nur kurz erhitzt verwendet, da sie sonst ihr Aroma verlieren.

Hildegard von Bingen schrieb wohl als erste über die vielfältigen Möglichkeiten des Gebrauchs von Petersilie in der Küche und als Heilkraut:

„Die Petersilie ist von kräftiger Natur und hat mehr Wärme als Kälte in sich, und sie wächst vom Wind und von der Feuchtigkeit. Und sie ist für den Menschen besser und nützlicher roh als gekocht zu essen. Und gegessen mildert sie die Fieber, die den Menschen nicht erschüttern, sondern leicht berühren. Jedoch im Geist des Menschen erzeugt sie Ernst." (Quelle: heilfastenkur.de)

Die Kräuterfrau Eva Aschenbrenner sieht in der Petersilie, „dass dieses Küchenkraut den Nieren hilft". Für sie sind die Nieren das zentrale Organ im Körper und sie empfiehlt regelmäßige Körperentgiftung. Sie trinkt Petersilientee zur Entgiftung.

Die Petersilie soll die Nierentätigkeit anregen. Die Nieren stehen in der ganzheitlichen Medizin beispielsweise in Beziehung zum Thema „Partnerschaft, Loslassen und Reinigung" und werden auch mit dem Thema „Ängste" in Verbindung gebracht.

Die Petersilie regt den Fluss der Ausscheidung an. So können wir Altes und auch Ängste loslassen und „ausscheiden", denn wenn wir Altes, längst Überholtes und Ängste in unserem Körper festhalten, blockieren wir uns. Ängste machen eng und begrenzen. Angst sorgt für eine permanent erhöhte Ausschüttung von Stresshormonen und minimiert unsere Lebensenergie und Lebensfreude. Angst ist der Gegenspieler von (Lebens-)Freude und Liebe. Ängste machen eng.
Manchmal sind unsere Ängste auch wie ein Gespenst, so verfolgen sie uns. Wer bereit ist, sich die Ängste anzuschauen, wird manchmal erstaunt sein, wie schnell sich so ein „Gespenst" in Luft auflösen kann.
Schauen wir die Petersilie an. In ihrem frischen Grün strahlt sie uns entgegen, und ihre Blätter wirken irgendwie lustig und sehr speziell. Die Pflanze vermittelt uns durch das frische Grün Lebensfreude, und die Blätter wirken so, als würden sie sich voller Leichtigkeit dem Leben öffnen wollen.

Die Petersilie lehrt uns, Altes und längst Überholtes, Ängste und all die „Angstgespenste" loszulassen und damit Blockaden und Begrenzungen aufzulösen.
Lebensfreude und Leichtigkeit genießen und Lebensenergie fließen lassen – sich dem Leben freudig und vertrauensvoll öffnen.

Alchemilla (Frauenmantel)

Kleine glitzernde Tröpfchen, die wie Zauberkugeln in der Sonne schimmern, beglücken mich am Morgen. Tröpfchen, sie glitzern so fein und geheimnisvoll wie kleine Perlen, sind etwas ganz Besonderes und berühren mich tief im Herzen.

Es ist ein Geschenk der Alchemilla: Wenn die Sonnenstrahlen auf das „Taublatt" treffen, schimmern die Wassertröpfchen auf dem Blatt und am Blattrand wie viele kleine Perlen und offenbaren ihre einzigartige Schönheit denen, die genau schauen, ihre Herzen für die Achtsamkeit der kleinen Schönheiten zu öffnen und sich Zeit zum Verweilen zu nehmen.

Frauenmantel (Alchemilla) ist eine Pflanzengattung der Familie der Rosengewächse (Rosaceae) und wirkt manchmal eher unscheinbar und besticht nicht mit einem betörenden Duft. An seinen Naturstandorten zeigt er sich ganz bescheiden, verbirgt sich im dichten Grün auf fetten Wiesen, oft an halbschattigen Wald- oder Wegrändern. Für die meisten bleibt er daher nur ein grünes

Kräutlein mit unscheinbaren Blüten. Die gelbgrünen Doldenblüten blühen von Mai bis August/September und erfreuen auch im eigenen Garten. Die Staude bildet 10 – 50 cm lange Blütentriebe.

Der Frauenmantel ist eine zarte Pflanze mit kelchartigen, gelappten Blättern. Die Blätter sind relativ groß, wirken rundlich und sind regelmäßig gezahnt. Sie erinnern an einen mittelalterlichen Umhang, wahrscheinlich entstand daraus der Name „Frauenmantel". In den sieben- bis elflappigen Blättern sammeln sich morgens die besagten Tautropfen.

Ihren lateinischen Namen „Alchemilla" erhielt die Pflanze, weil die mittelalterlichen Alchemisten diese kleinen Tröpfchen, die man morgens auf den Blättern vorfindet, „Himmelswasser" nannten, und sie sollen die Pflanze sehr verehrt haben. In ihren Augen war die Pflanze genau wie sie selbst, eine Alchemistin. In frühen Morgenstunden finden sich auf den Blättern Tropfen, die die Pflanze am Morgen an den Spitzen ihrer Blattzähnchen ausscheidet und die sich dann auf dem Blatt sammeln. Es handelt sich dabei nicht um einen Tautropfen, sondern um ein Pflanzendestillat, welches von ganz feinen Poren am Blattrand ausgeschieden wird. Man nennt die Tropfen in der Fachwelt „Gutationsperlen". Es ist schon etwas ganz besonderes, da das Wasser als Tropfen auf dem Blatt bleibt und Perlen bildet. Dieses Phänomen wurde vom Max- Planck- Institut untersucht und in „Forschung aktuell 4/2004,

Frauenmantel mit Nässeschutz" veröffentlicht. Die Wissenschaft spricht hier vom sogenannten abperlenden „Lotus-Effekt". So dient unter anderem der Frauenmantel mit seiner natürlichen Besonderheit als eine Art Vorbild für die Industrie.

Bereits im Mittelalter wurde der Frauenmantel in Kräuterbüchern erwähnt. Die Anwender von Heilkräutern schätzen die Pflanze sehr. Der Frauenmantel ist ein besonderes Heilkraut und gehört nach all seinen Beschreibungen sicherlich zu den wichtigsten „Frauenpflanzen" und hat seine Wirkung vor allem in der Frauenheilkunde gegen Menstruationsstörungen, Unterleibsschmerzen oder Problemen in den Wechseljahren. Mir ist der Frauenmantel sehr gut aus dem Buch von Maria Treben „Gesundheit aus der Apotheke Gottes" bekannt, und als Tee getrunken soll er einige Frauenbeschwerden lindern.

Für Margret Madejsky ist der Frauenmantel die Allhelferin unter den Frauenkräutern: „Und weil die Alchemilla das Wasser aus dem Boden aufnimmt, es reinigt und schließlich wieder an den Himmel abgibt, wollten die Christen im „Himmelstau" sogar den Läuterungsprozess der Seele erblicken." Sie schreibt den unscheinbaren Blüten mit ihrem gelblichen Grün die Farbe der Venus zu, die die Energie der Regenerationskraft in sich trägt.

Die Alchemilla lehrt uns Bescheidenheit. Der Frauenmantel (Alchemilla) strömt keinen betörenden Duft aus, und für die meisten bleibt er nur ein grünes Kräutlein mit unscheinbaren Blüten.
Alchemilla kann für Frauen ein wichtiger Lebensbegleiter sein. Ihre Blätter haben, wie schon zuvor beschrieben, die Form eines Mantels, der sich sinnbildlich schützend um uns legen könnte. Alchemilla hilft uns, wieder in Balance und in die eigene Mitte zu kommen.

Sie, die Alchemilla, steht einfach nur da, ganz unscheinbar. Ihr Blatt, das an einen kleinen Mantel erinnert, hat sie für alle geöffnet, die Schutz und ihre Energie brauchen.
„Himmelswasser" perlt an ihrem Blattrand, sammelt sich zu kleinen Wasserperlen. Die kleinen Kostbarkeiten reflektieren das Sonnenlicht und funkeln uns an.
Diese „Zauberperlen" berühren mit ihrer Magie unsere Herzen, zeigen ihre besondere Schönheit und einzigartige Fähigkeit, den Lotus-Effekt

und lehren uns Selbstannahme und Selbstwertschätzung. Manchmal scheinen die Perlen wie ein Spiegel unserer Seele. Die Alchemilla lehrt uns, unser Frausein anzunehmen und zu akzeptieren. Aber auch den Männern, das Mannsein und ihre weiche Seite anzunehmen, um so die eigenen Potentiale zu entdecken und zu leben.

Vielleicht profitieren aber die Frauen etwas mehr von der Alchemilla, da sie eine ausgleichende Wirkung auf den Wasserhaushalt hat und uns bei unseren Frauenthemen „unterstützt ", dennoch lehrt sie jedermann und jederfrau.

Die Alchemilla lehrt uns, wie einfach es sein kann, einander im Herzen zu „berühren". So manches im Leben wirkt unscheinbar und unauffällig und wird oftmals übersehen.
Achtsam sein, verweilen und genau schauen – dann entdecken wir, wie aus dem Unscheinbaren das Licht des Scheinbaren entstehen darf.
Sich verzaubern und berühren lassen, auch wenn es sich nur um ein kleines „Zaubertröpfchen" handelt – den Zauber des Lebens entdecken.

Zauber

Be well – Schönheit auf den zweiten Blick (Beinwell)

D ie Beinwellpflanzen sind sehr verbreitet und keine Seltenheit, aber fallen nicht sofort ins Auge. Die derben und rau behaarten Pflanzen wirken eher unscheinbar. Doch die violetten Blüten fallen dem ins Auge, der genau hinschaut. Zuerst strecken sich nur ein paar rauhaarige Lanzen aus der Erde der Sonne entgegen, doch dann fallen im Frühjahr entlang von feuchten Wiesenrändern und auch in manchen Gärten in Büscheln stehende Pflanzen mit winzigen violetten Farbtupfen auf.

Es ist der Beinwell (Symphytum officinale), der uns seine zarte Schönheit entgegenstreckt, eine alte Heilpflanze. Sie gehört zu den Borretschgewächsen oder auch Raublattgewächsen (Familien der Boraginaceae).

Der Beinwell entspringt einem mehrjährigen, dicken, außen schwarz und innen weißem Wurzelstock. Er verästelt sich in Stängel, die 50 cm bis 1 m hoch werden. Die Blüten sind rot-violett, manchmal gelb-weiß und wirken glockenartig, sie blühen von Mai bis September. Beinwell bevorzugt feuchte Stellen, Gräben, Äcker und Wiesen und ist in Europa beinah überall zu finden.

Der Name des „Beinwell" (auch „Wallwurz" genannt) wurde von „wallen" abgeleitet, was so viel wie „verheilen" bedeutet. Echter Beinwell (Symphytum officinale) galt schon immer als eine „Königin der Heilpflanzen". „Schon im 1. Jahrhundert nach Christus hatte Beinwell seinen festen Platz im medizinischen Repertoire der Ärzte. So beschreibt Dioskurides die Pflanze in seinem berühmten Werk „De Materia medica". Er empfiehlt sie bei äußerlichen Entzündungen und frischen Wunden." (Quelle PTA Magazin 5/2010). In alten Kräuterbüchern genoss die Pflanze höchstes Lob und sollte in keinem Bauerngarten fehlen. Viele Kräuterkundige widmeten sich dem Beinwell. Leonhart Fuchs (1501-1566), einer der Väter der Botanik, schließt seine Ausführungen zum Beinwell in dem Buch „New Kreuterbuch" mit dem Hinweis, dass die Heilpflanze „zu allerlei Wunden und Beinbrüchen nützlich sei und deshalb bei Wundärzten in großen Ehren gehalten werden soll".

Auch Hildegard von Bingen widmete sich dem Wallwurz. Sie beschrieb den Beinwell unter dem Namen Consolida, was auf die unterstützende Wirkung beim Zusammenwachsen (sonsolidare) hindeutet.

Man schenkt dem Beinwell immer mehr Beachtung. Die Anwendung findet sich in klassischen Sportsalben, wie auch in alternativen Heilverfahren wie z. B. Homöopathie, Hildegardmedizin, anthroposophischer Medizin und sogar bei der Traditionellen Chinesischen Medizin wieder.

Die Hersteller von Naturarznei haben die Beinwellwurzel neu entdeckt und bieten zahlreiche Formen von Beinwellsalben und Beinwellcremes an. Beinwell wird zur äußerlichen Anwendung bei Prellungen, Zerrungen, Quetschungen, Verstauchungen und Muskelschmerzen empfohlen.

Was die Indianer schon wussten, beschäftigt auch die Wissenschaft: „Beinwell – Wirkungsgeschichte und Bedeutungswandel einer Heilpflanze" war das Thema der Dissertation, die von Heike Kothmann 2003 veröffentlicht wurde.

Der Beinwell wird vorwiegend äußerlich angewendet. Bei der äußerlichen Anwendung muss man schauen, ob man die Pflanze verträgt.
Die Heilwirkung ist vor allem auf den Inhaltsstoff Allantoin zurückzuführen. Beinwell ist für mich eine ganz besondere Pflanze, mit der ich selber sehr gute Erfahrungen sammeln konnte. Durch eine Beinwell-Sportsalbe wurde ich auf diese Pflanze aufmerksam, las in Kräuterbüchern mehr über die äußerliche Anwendung und experimentierte mit der „Kraft des Beinwells". Heute wachsen einige Pflanzen in meinem Garten, die ich frisch verwende, trockne oder mit denen ich einen Sud ansetze.

Wer keinen Garten hat, braucht nicht auf die Zauberpflanze Beinwell zu verzichten. Einige meiner Pflanzen gedeihen prächtig in großen Blumentöpfen.

So unscheinbar Beinwell auch auf den ersten Blick wirken mag, so wunderschön sind seine lila Glockenblüten beim genaueren Hinsehen. Beinwell wirkt zwar derb und rau, ist von der Energie her eine eher weiche Pflanze, sie ist etwas Besonderes, wenn wir uns ihr zuwenden.
Beinwell bringt wieder zusammen, was getrennt war, und wir wissen heute noch lange nicht alles von dieser Pflanze mit ihrer gehaltvollen Zukunft.

Vom Beinwell können wir lernen, genau zu schauen und Vorurteile ab-zulegen. Was manchmal derb und rau wirkt, hat in Wahrheit oftmals eine zarte Seele. Anstatt einfach zu verurteilen, müssen wir nicht nur den Beinwell, sondern auch unsere Mitmenschen erst einmal richtig kennen lernen.

Die Pflanze kann Wunden heilen und bringt zusammen, was getrennt war. Lernen wir von ihr, auch unsere körperlichen und seelischen Wunden zu heilen, um alles wieder in Einklang (Körper, Geist und Seele) zu bringen.

Der Beinwell lehrt uns, das Unmögliche möglich zu machen, unsere Augen und unser Herz zu öffnen, um ohne Vorurteile wahrzunehmen, einander anzunehmen und zu respektieren mit allen Eigenarten und Besonderheiten.
Vorurteile trennen und positive Gefühle verbinden.
Es kann so einfach sein, positive Gefühle, nennen wir es einfach „Liebe", fließen zu lassen und zusammenzubringen, was getrennt war.
Es heißt nicht einfach so, dass Liebe die größte Kraft der Welt ist.

Verbundenheit

Zauberhaft

„Die meisten Menschen wissen gar nicht, wie schön die Welt ist und wie viel Pracht in den kleinsten Dingen, in irgendeiner Pflanze, einem Stein, einer Baumrinde oder einem Birkenblatt sich offenbart."
RAINER MARIA RILKE

„Du wirst mehr in den Wäldern finden als in den Büchern. Die Bäume und die Steine werden dich Dinge lehren, die dir kein Mensch sagen wird."
BERNHARD VON CLAIRVAUX

Von der Natur können wir lernen, Dinge zu sehen und Emotionen zu fühlen, die wir aus Büchern und der virtuellen Welt so nicht lernen können.
Sie lehrt uns die Einfachheit, einfach zu sein, mit sich auch einmal in der Stille zu sein. Aus der Stille öffnen sich die Sinne für eine achtsamere Wahrnehmung: zu hören, zu riechen, zu sehen, zu fühlen.

 Die Natur lehrt uns Achtsamkeit und Einfachheit. Gefühle neu wahrzunehmen, die eigene Wahrnehmung zu schulen, um die Magie der Natur mit offenen Augen zu entdecken:
sehen, staunen, glücklich sein.
Eigentlich ganz einfach!

Wahrnehmung

Die Botschafterin (Buche)

W er kennt sie nicht, die Bäume mit den geheimnisvollen Ritzereien in der Baumrinde? Die Buche trägt in ihrer Rinde manchmal sehr alte Botschaften mit sich herum. Eine Buche, die ich aus meinen Kindertagen kenne, habe ich besucht, und noch immer sind ihre „Einträge" zu lesen. Ihre relativ glatte Rinde wird gerne von jungen Liebenden benutzt, um dort Liebesschwüre hineinzuschnitzen. All diese Liebesschwüre trägt die Botschafterin bis an ihr Lebensende mit sich herum.

Als Kinder haben wir manchmal Bucheckern, neben Eicheln und Kastanien, zum Basteln gesammelt oder gleich genascht. Niemand sagte uns damals, dass die Früchte nicht roh verzehrt werden sollten. Buchen waren schon für uns Kinder immer etwas Anziehendes, auch wenn man auf ihnen nicht so gut klettern konnte.

Die Buche wirkt mächtig und doch grazil und fein mit ihren filigranen Zweigen, hat eine besondere Ausstrahlung. Im Frühjahr verzückt sie uns mit ihrem kräftigen, strahlenden Grün und erweckt unsere Lebensfreude. Im Sommer ist es ein sehr intensives Gefühl, durch schattenspendende Buchenwälder zu streifen. Und im Herbst verzaubert uns der Buchenwald mit der wunderschönen Herbstfärbung. Wann immer man vom „Indian Summer", der Farbenpracht des Ahorn in Canada berichtet, ist für mich der „German Summer" das Farbspiel der Buchenwälder. Wenn die Blätter dann ihre Farbwandlung durchlaufen haben und vom Baum abfallen, ist es ein ganz besonderes Erlebnis, durch den „Raschelwald", das Laub der Buchen, zu laufen. Es ist immer wieder ein tolles Gefühl und ich fühle die unbeschwerte Leichtigkeit meiner Kindertage und genieße so den Herbst auf seine besondere Art.

Ein Spaziergang im Buchenwald schenkt mir immer wieder aufs Neue eine gewisse Klarheit, meine Gedanken kommen zur Ruhe und es fühlt sich alles neu sortiert an. Ein Buchenwald hat eine ganz andere Ausstrahlung als andere Wälder. Dort schaut es immer „aufgeräumt" aus, weil unter den Buchen nur wenige Pflanzen wachsen. Es kommt einfach zu wenig Sonnenlicht durch die dichten Blätter der Buchen.

Buchen berühren zu jeder Jahreszeit unsere Seele, es mag die mütterliche Ausstrahlung sein, die Geborgenheit, die wir fühlen, wenn wir unter dem Blätterdom stehen und dem Rauschen der Blätter lauschen.

Die Buche ist ein sehr verbreiteter Laubbaum in unseren Wäldern. Die meisten Laubwälder sind von den Buchen geprägt. Die Rotbuche (Fagus sylvatica) ist ein in weiten Teilen Europas heimischer Laubbaum aus der Gattung der Buchen (Fagus). Wenn man von „der" Buche spricht, meint man eigentlich die Rotbuche. Ihr Holz hat eine rötliche Färbung. Es gibt noch die Hainbuche, jedoch sind sie nicht miteinander verwandt. Die Hainbuche galt früher auch als Eisenbaum, weil ihr Holz so hart ist.

Die Buche kann bis zu 30 m hoch werden und die Krone einer ausgewachsenen Buche kann bis zu 600 m² beschatten. Die Rinde der Buche ist glatt und bleigrau-silbrig, bei älteren Exemplaren ein wenig aufgeraut, aber niemals grob schuppig. Sie hat langgestreckte, steil aufrechte Äste, die sich zu vielen, feinen Zweigen verzweigen. An den Enden der Zweige stehen rehbraune Knospen, die sich im Frühjahr strecken, bis sich die Blätter aus der Knospenhülle schieben. Die Blätter sind eiförmig und wachsen so dicht, dass die Buche starken Schatten spendet.

Im April/ Mai blüht die Buche, jedoch erst ab einem Alter von etwa 30 Jahren. Die weiblichen Blüten sind gelblich und stehen aufrecht, die männlichen Blüten sind wie mehrere „verknäuelte" Kätzchen. Aus den Blüten entwickeln sich die bekannten Bucheckern.

Wie die Eichen gehörten Buchen im Mittelalter zu den fruchtbaren Bäumen und die Eicheln und Eckern wurden für die Viehmast verwendet. Die Buche war auch früher gutes Brennholz und soll Namensgeber für die „Buch"staben sein. Das germanische Runenalphabet wurde in Buchenstäben geritzt, und als ein Wurforakel benutzt.

Buchen zählen zu den widerstandsfähigen Bäumen, die gerne neu angepflanzt werden. Buchen seien weniger anfällig als Nadelhölzer und somit dem Klimawechsel besser gewachsen, und deshalb müssten wir mithilfe der Buchensaat unseren Wald zukunftsfähiger gestalten, verriet ein Norddeutscher Förster (Michael Hansen, Revier Hahnheide, Quelle: Abendblatt 5/2012).

Aufgrund der großen Härte, die mit der des Eschen-Holzes vergleichbar ist, wird das Buchenholz auch häufig als Parkett verwendet. Michael Thonet (1796-1871,www.thonet.de) erfand 1830 ein Verfahren zum Biegen von Buchenholz und so gingen dann die weltberühmten Thonet-Stühle in die industrielle Fertigung. Es waren die ersten industriell hergestellten Stühle.

Die berühmteste Buche Deutschlands ist wohl die „Bavaria-Buche", eine weise Greisin. Die Rotbuche steht in Oberbayern und soll zu den meistfotografierten Bäumen Deutschlands zählen. Ihr Alter wird auf unglaubliche 500-800 Jahre geschätzt. (Die Internetseite weltnaturerbe-buchenwaelder.de gibt an, dass die natürliche Lebensgrenze der Buchen bei 250-400 Jahren liegt, obwohl die meisten in bewirtschafteten Wäldern in einem Alter von 120-160 Jahren gefällt werden). Laut der Beschreibung beträgt ihr Stammumfang 9 m und ihre Höhe 22 m, die Krone hat einen Durchmesser von 30 m und überdeckt eine Fläche von ca. 750 m².

Eine ganz besondere Form der Rotbuche ist die Süntelbuche (Fagus sylvatica forma suntalensis). Im Süntel, einem kleinen Höhenzug nördlich von Hameln in Niedersachsen, gab es bis Mitte des 19. Jahrhunderts den größten Süntelbuchenwald Europas.

Die Süntelbuche hat durch ihre ungewöhnliche Wuchsform etwas Magisches und für einige Menschen auch etwas Unheimliches an sich, deshalb wird sie auch im Volksmund Hexenbaum oder Schlangenbuche genannt. Die Süntelbuche wächst so gut wie nie gerade in eine Richtung. Sie hat einen Stamm, der sich in schräg bis waagerecht schlängelnd wachsende Stämmlinge teilt. Die Stämmlinge und Äste wachsen gedreht, im Zick-Zack, bilden Schlaufen, wachsen von oben nach unten und schlängeln sich dann wieder hoch. Der Baum hat die Menschen wenig begeistert und das „Deuwelholts" (plattd. Teufelholz) wurde wegen seiner Skurrilität abgeholzt. Das Holz ließ sich wegen des Zick-Zack-Wuchses als Bauholz nicht verwerten.

Wer jemals unter einer Süntelbuche gestanden hat, kennt das Gefühl, wie in einem Dom eingebettet zu sein, es ist ein unbeschreibliches Gefühl. Ein Freund von mir hat so ein seltenes Exemplar in seinem Park stehen. Die Buche ist so groß und kuppelartig gewachsen, dass darunter sogar Taufgottesdienste stattfinden können. Es ist ein Ort der Magie, der Weisheit, der Stille, und ich fühle mich verbunden. Verbunden mit dem Baum und Mutter Erde.

Ja, es ist ein Gefühl der Geborgenheit und Verbundenheit. Ich kann das Gefühl kaum in Worte fassen, dieser Baum ist für mich kein Hexenbaum, sondern ein Heiler, ein Mutter-Baum.

„Bäume sind die Bemühungen der Erde,
mit dem Himmel zu sprechen."
ROBINDRANATH TAGORE

115

In der Heilkunde wird die Buche kaum verwandt, aber als Bachblüte wird sie unter dem Namen „Beech" eingesetzt. Edward Bach entwickelte eine Essenz aus den Blüten der Buche, um der Seele einen sanften Anstoß zu geben, sich der inneren Weisheit und Abgeklärtheit zu öffnen.

Die Buche schenkt uns trotz ihrer filigranen Zweige und des zarten Blattwerks ihre mächtige Ausstrahlung und Stärke. Sie gilt als mütterlicher, nährender und Kraft spendender Baum. Die Buchen lehren uns durch ihre Farbenpracht und ihre besondere Ausstrahlung, einander tief im Herzen zu berühren. Die Buche ist einerseits stark und hart in ihrer Struktur, dennoch trägt sie eine weiche, weibliche Energie in sich.
Wir können von ihr lernen, wie wichtig innere Stärke und Struktur sein können und dabei aber im Herzen immer liebevoll zu bleiben und den Menschen, Tieren und der Natur einfühlsam zu begegnen.
Nur Stärke und Härte bringen uns vielleicht im Leben voran, aber ist es wirklich eine erfüllende Bereicherung, wenn das liebevolle Gefühl fehlt? Die Buche lehrt uns das Wissen um Vergangenheit, Gegenwart und Zukunft und führt uns zu unserer inneren Weisheit. Wann immer wir unter dem Blätterdach einer Buche verweilen, können wir den Moment genießen. Wir können uns an ihrem grünen Laub erfreuen, aber das braune Laub erinnert uns an die Vergänglichkeit.
Die Buche schenkt uns Kraft, Klarheit und lehrt Mitgefühl.

 Die Buche lehrt uns, die innere Kraft und Klarheit zu entdecken. Wachsen und Werden, Stärke und Struktur entwickeln, um den Widrigkeiten des Lebens zu begegnen, dabei aber immer mitfühlend und liebevoll im Herzen bleiben.
Mitgefühl entfalten und mit Gefühl leben.

Mitgefühl

Bilanz

Die Natur würde niemals für sich so etwas wie eine Art Bilanz ziehen. Davon hätte sie keinen Nutzen, denn die Natur lebt im ständigen Wandel und in stetiger Veränderung.

Die Natur lebt.

Sie lebt und lehrt uns, die Schönheit der Welt im Außen wahrzunehmen und auch in unserem Inneren zu entdecken und zu fühlen.
Das Außen spiegelt das Innen.
Sie lehrt uns den bewussten, achtsamen Umgang mit allen Lebewesen und Erscheinungen und den liebevollen Umgang mit uns selbst.
Sie lehrt uns, ein Ur-Vertrauen zu haben und sich frei zu fühlen. Die Natur kennt keine Angst, sie lebt im vertrauensvollen Wandel.

Die Natur inspiriert uns.

Sie schenkt uns ihre Vielfältigkeit, sie regt unsere Kreativität an.
Sie öffnet uns für das „Große und Ganze", alles zu sehen.
Sie schenkt uns die kindliche Leichtigkeit und Lebensfreude.

Die Natur lehrt uns Demut und Dankbarkeit.
Sie lehrt uns, Dinge so anzunehmen, wie sie sind,
und dankbar für das zu sein, was ist.

Dankbarkeit drückt sich darin aus, zu danken,
das Kostbare im Leben zu entdecken,
dankbar das Einfache und die Einfachheit zu sehen
und nicht auf Konsum und Erfolgsstreben hereinzufallen.

Dankbar sein, dass im Frühling unser Herz vor Freude tanzt
und wir im Sommer uns leicht und frei fühlen können.
Dankbar sein, dass der Herbst uns mit seiner Farbenpracht berührt
und wir die Stille des Winters genießen können.

Die Natur vermittelt uns Wertschätzung.
Manchmal erscheinen uns Dinge selbstverständlich, aber das sind sie nicht.
Je mehr wir Dankbarkeit fühlen, desto leichter fällt es, Dinge wertzuschätzen,
ihren nichtmateriellen Wert zu schätzen.

Wenn wir Menschen schon eine Bilanz über Verlust und Gewinn aufstellen
müssen, sollte es keine finanzielle Bilanz sein!

Unsere Bilanz sollte so aussehen:

Verlust	*Gewinn*
tägliche Lebenszeit	*tägliche Erfahrungen*
	dankbar zu sein für das Kostbare im Leben

Die Summe der Bilanz: **ein erfülltes Leben leben**

Die Natur und das Leben schenken uns so viele wundervolle Dinge, doch werden wir niemals ein zweites Leben und eine neue Lebenszeit geschenkt bekommen!

Unsere Lebenszeit ist begrenzt, und täglich bauen wir von unserem „Lebenszeitkonto" einige Stunden ab.

Sich dies immer wieder bewusstzumachen, ist eine gute Inspiration, das Leben in all seiner Schönheit und mit all seinen Facetten zu leben, auszukosten und zu genießen. Wirklich zu leben und sich nicht leben zu lassen.

Die Natur lehrt uns Dankbarkeit und Wertschätzung.
Die Natur lehrt uns, das eigene Leben bewusst zu leben.
Das Leben in jeder Lebenssekunde voll auskosten, das Leben wirklich leben.

Wertschätzung

Die Natur ist ein Kunstwerk

„Das Schönste, was wir erleben können,
ist das Geheimnisvolle."
ALBERT EINSTEIN

Die Natur lehrt uns, sich einzigartig und besonders zu fühlen. Jeder für sich – jeder Mensch, jedes Tier, jede Blume und Pflanze, jeder Baum und jeder Stein ist ein einzigartiges Kunstwerk.

Einzigartig

Alles hat seine Zeit

Die Natur lebt uns vor, dass alles seine Zeit hat.

„Ruhe aus; ein Feld, das geruht hat,
trägt herrliche Ernte."
Ovid

Ruhe und Entspannung sind auch für uns Menschen sehr wichtig. Wir müssen uns immer wieder Zeit nehmen, um dem Körper eine kleine Verschnaufpause zu schenken.

> *Die Natur vermittelt uns, dass alles seine Zeit hat.*
> *Wir Menschen haben Zeit zum Arbeiten und kreativ zu sein, zu schaffen und Zeit für Ruhe und Entspannung.*

Auch wenn wir Menschen manchmal meinen, es sei keine Zeit für Entspannung, ist genau diese Entspannungszeit so wichtig. Es brauchen doch nur ein paar Minuten zu sein, ein paar bewusste tiefe und lange Atemzüge.

Die vielen Gedanken in unserem Kopf loslassen und entspannt zur inneren Mitte kommen. Aus dieser Ruhe und Klarheit kann frische Energie entstehen und wir können neue Kreativität „ernten", umso leichter wird uns dann die Arbeit fallen.

 Die Natur lehrt uns, die Verbindung zwischen Ruhe und Ernte. Sich Zeit und Ruhe nehmen für das, was gerade wichtig ist.

Vergänglichkeit

Die Blume weiß um Ihre Vergänglichkeit, dennoch strahlt sie in ihrer vollen Schönheit und schenkt uns ihre Blütenpracht und ihren Duft. Sie weiß, dass ihr Leben nur von kurzer Dauer ist, aber dies nimmt ihr nicht ihre Lebensfreude.

Spätestens im Herbst muss sie von ihren Blüten Abschied nehmen.

Trotzdem strahlt sie uns heute in ihrer vollen Schönheit an. Sie genießt den Moment, macht sich über das Morgen und die Vergänglichkeit noch keine Gedanken, sondern strahlt jetzt.

Die Blumen im Garten erfreuen mich ebenso wie meine Blumen im Haus. Im Haus habe ich überwiegend Grünpflanzen und Orchideen. Ich liebe die geheimnisvollen Blüten der Orchideen.

Manchmal, wenn ich mir meine Orchideen ganz genau anschaue, dann habe ich das Gefühl, sie würden nur für mich blühen. Wenn ich mich an ihnen erfreue, dann erscheint mir die Zeit der Blüte zeitlos.

Und manchmal scheint es so, als würde sich in der Blüte ein kleiner Engel, der „Orchideen-Engel", zeigen. Auch dieser „Orchideen-Engel" weiß um seine Vergänglichkeit. Das Leben ist Werden und Vergehen und mit dem Tag unserer Geburt verlieren wir jeden Tag eine Einheit auf unserer Lebenslinie.

Leben will gelebt und nicht verschenkt werden.

 Die Blumen lehren uns, unbegründete (Lebens-) Ängste loszulassen, die Vergänglichkeit anzunehmen, um die Gegenwart zu genießen und bewusst zu leben. Das Leben ist Veränderung, darum: JETZT leben, das Leben in seiner Fülle bestaunen und jede Lebenssekunde bewusst leben.

Vergänglichkeit

Verbundenheit

D u und ich, ich und du – manchmal fühle ich eine tiefe Verbundenheit, wenn ich mich an einen Baum lehne.

Bäume können Geschichten erzählen, denn sie sind manchmal schon sehr alt und wirken weise.

Bäume stehen aufrecht im Leben. Sie wachsen, entwickeln ihre volle Pracht und Schönheit. Der Mensch möchte auch wachsen und allem kraftvoll widerstehen.

Bäume vermitteln uns eine Sehnsucht nach Einheit, Standfestigkeit und ein langes Leben.

Der Baum ist ein wundervolles Symbol der Standfestigkeit: gut verwurzelt sein, aber mit der Krone sich dem Licht des Himmels (des Lebens) entgegenstrecken. Er trägt das Symbol der stets wachsenden Liebe und Verbundenheit in sich.

Der Baum lehrt uns, den Boden unter den Füßen nicht zu verlieren und sich gut zu verwurzeln. In der Wurzel liegen die Ursprünge, sie ist der Ausgangspunkt und die Basis für Wachstum und für das Überleben. Ein Baum ist eben „erdverbunden" und verwurzelt.

Der Baum strebt dem Himmel entgegen, er wächst und verändert sich. Auch wir wachsen und verändern uns und öffnen uns für Neues. Wachstum, Anpassung, Fülle, Sicherheit und Stabilität, Vertrauen, all das lehrt uns der Baum.

„Ein Baum spricht: Meine Kraft ist das Vertrauen. ... Ich lebe das Geheimnis meines Samens zu Ende, nichts anderes ist meine Sorge. Ich vertraue, dass Gott in mir ist. Ich vertraue, dass meine Aufgabe heilig ist. Aus diesem Vertrauen lebe ich." (aus Bäume, Hermann Hesse).

Vertrauen ist für uns Menschen sehr wichtig. Ebenso, welche Schicksalsschläge man immer auch in einigen Lebensabschnitten erleben mag, dennoch weiter zu leben und an den Erfahrungen zu wachsen, ohne dabei das Vertrauen zu verlieren.

„In ihren Wipfeln rauscht die Welt, ihre Wurzeln ruhen im Unendlichen; allein sie verlieren sich nicht darin, sondern erstreben mit aller Kraft ihres Lebens nur das eine: ihr eigenes, in ihnen wohnendes Gesetz zu erfüllen, ihre eigene Gestalt auszubauen, sich selbst darzustellen." (aus Bäume, Hermann Hesse)

Bäume haben sehr viel mit uns Menschen gemeinsam, darum lieben wir sie:

„Bäume sind Heiligtümer. Wer mit ihnen zu sprechen, wer ihnen zuzuhören weiß, der erfährt die Wahrheit. Sie predigen nicht Lehren und Rezepte, sie predigen, um das einzelne unbekümmert, das Urgesetz des Lebens." (aus Bäume, Hermann Hesse)

Alle Bäume sind Botschafter und weise Lehrmeister für uns Menschen. Sie vermitteln uns Erdverbundenheit, Standfestigkeit und Stabilität und lehren uns Vertrauen, Fülle, Wachstum, Anpassungsfähigkeit und Flexibilität. Sicher im Leben zu stehen und sich flexibel neuen Situationen oder Herausforderungen im Leben zu stellen, macht das Leben spannend und vermittelt Leichtigkeit. Bäume lehren uns, mit gehobenem Haupt durch das Leben zu gehen, sich aufzurichten und eine königliche Würde in sich zu spüren.

Der Baum lehrt uns das Leben.
Erdverbunden und voller Vertrauen zu sein und dennoch bereit
sein, sich dem Himmel emporzustrecken und sich Neuem zu öff-
nen – auch mal über sich hinauszuwachsen.

Harmonie

„Wenn Blumen, gleichgültig welcher Farben und Formen, zusammenstehen, kann niemals ein Bild der Disharmonie entstehen."
VINCENT VAN GOCH

Wir Menschen sind auf unsere Art auch alle sehr verschieden und einzigartig. Die große Vielfalt macht das Leben erst interessant:
Wir können voneinander lernen, uns austauschen, uns bereichern, uns verbinden, einander verschmelzen und wieder lösen.
Wir sind viele und dennoch bleiben wir eins.

Die Blumen lehren uns: Wir alle zusammen sind wie ein bunter Blumenstrauß, ein Gesamtkunstwert.
Jeder einzelne trägt mit seiner einzigartigen Schönheit und Persönlichkeit dazu bei, die Welt mit seiner Besonderheit zu bereichern.

Schönheit

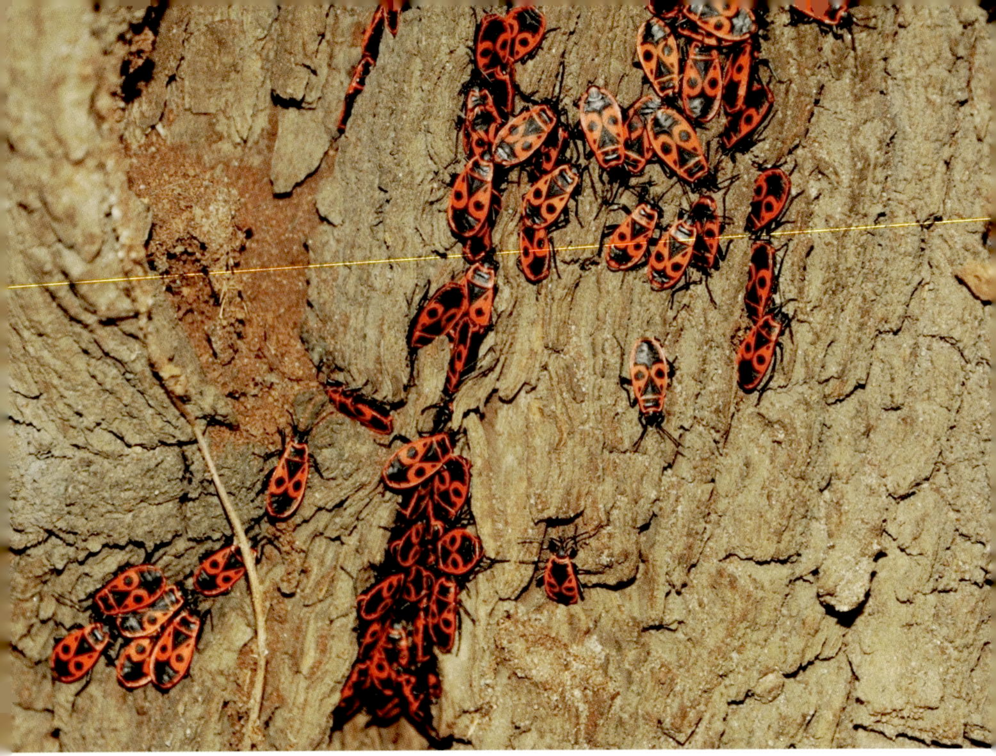

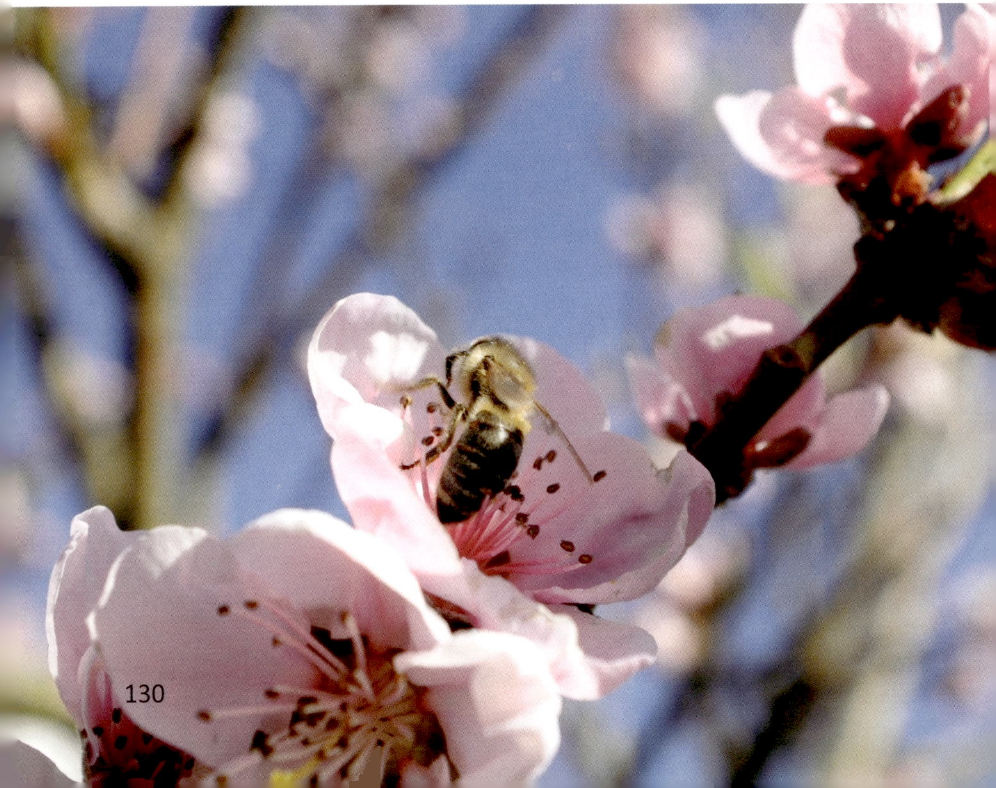

Bereicherung

*W*ir – alle Lebewesen und Pflanzen – sind nicht nur zusammen ein „Gesamtkunstwerk" (siehe Botschaft „Harmonie"), sondern können einander bereichern.

Beispiele aus der Natur:

Einander Lebensraum schenken:
Die Wanzen lieben es, in großer Geselligkeit an Linden oder anderen Bäumen zu leben.

Die Mistel sucht sich einfach einen Baum oder Strauch aus, um darauf zu gedeihen.

Die Klette haftet sich ans Hundefell, damit ihre Samen weitergetragen werden.

Die Bienen saugen den Nektar aus den Blüten und gleichzeitig bestäuben sie die Blüten.

Der Zunderschwamm lebt von und mit Bäumen. Er dringt in seine Wirtsbäume über Ast- und Stammwunden ein. Manchmal verursacht er im Kernholz eine Weißfäule, die den befallenen Baum abbrechen lassen, manchmal lebt der Baum auch einfach weiter.

Einander erfreuen:
Die Blumen und Pflanzen schmücken unsere Erde, unsere Gärten, unsere Wohnungen.

Voneinander profitieren:
Die Vögel lieben die seidenweichen Haare meines Hundes und bauen damit ein weiches Kuschelnest für ihre Jungen.

Manchmal kann man mit unscheinbaren Dingen anderen eine große Freude bereiten. Jeder hat sicherlich etwas zum Teilen: ein Lächeln, eine nette Geste, ein liebes Wort der Aufmerksamkeit oder ein kleines Geschenk.
Die Natur lehrt uns, miteinander und nicht gegeneinander zu leben. Miteinander zu leben stärkt uns Menschen und trägt zu einer positiven Energie bei.

Von der Natur lernen, Empathie zu entwickeln und einander zu bereichern.

Miteinander

Die Jahreszeiten

„Wenn der Frühling kommt, öffnen die Blumen ihre Lippen.
Wenn der Sommer kommt, öffnen sie ihr Herz.
Wenn der Herbst kommt, öffnen sie ihre Seele.
Kommt der Winter, schließen sie ihre Lippen, um alles,
was Herz und Seele nun ansammeln werden,
im nächsten Frühjahr kundzutun."
CHAO-HSIU-CHEN

Die Jahreszeiten sind eine Unterteilung eines Jahres in verschiedene Perioden. In unserem Lebensraum (gemäßigten Breiten) spricht man von Frühling, Sommer, Herbst und Winter, bedingt durch die Stellung der Erde zur Sonne und die daraus resultierende Lichtintensität. Dieser Jahreszyklus hat einen festen Rhythmus und eine bestimmte Bedeutung.

Der Frühling beinhaltet die aufbauende Energie, das Wachstum, der Sommer zeigt uns die Fülle. Die Samen des Frühlings tragen nun die Früchte. Im Herbst kommt die Natur langsam zur Ruhe, die Blätter fallen und im Winter „schläft" die Natur.

Alles im Leben hat seinen eigenen Rhythmus und sogar unsere menschlichen Zellen schwingen rhythmisch, solange sie leben, belegt eine Untersuchung der Universität Erlangen. Der Rhythmus ist eine wichtige Grundlage für unser Leben, und „Leben ohne Rhythmus existiert nicht". (A. Einstein).

> *Die Natur lehrt uns wichtige Dinge: Alles steht zueinander in einer Beziehung und alles hat seinen eigenen Rhythmus. Der Lebenszyklus bestimmt unser Leben und alles Leben in der Natur.*
> *Manchmal leben Menschen einfach nur vor sich hin, funktionieren nur und scheinen aus dem Takt gekommen zu sein, umso wichtiger ist es dann, den eigenen Lebensrhythmus (wieder) zu finden. Die Natur kann uns da ein guter Lehrmeister sein.*
>
> *Wie auch die Natur den Wechsel der Jahreszeiten mit den unterschiedlichen Qualitäten annimmt, bedeutet dies, im Einklang mit sich zu sein. Im Einklang zu sein ist auch die Grundlage der Heilung, seinen eigenen Lebensrhythmus (wieder) zu entdecken und zu leben.*

„Man sieht die Blumen welken und die Blätter fallen, aber man sieht auch Früchte reifen und neue Knospen keimen. Das Leben gehört dem Lebendigen an, und wer lebt, muss auf Wechsel gefasst sein."
JOHANN WOLFGANG VON GOETHE

Die Natur lehrt uns, den eigenen Lebensrhythmus zu finden und zu leben. Im Einklang mit sich und der Natur sein heißt auch, „in Balance" zu sein – mit sich, dem Leben und der Welt.

Rote Rosen (Rose)

„Für mich soll`s rote Rosen regnen,
mir sollten sämtliche Wunder begegnen ….“
HILDEGARD KNEF

Die Rose steht als ein Symbol der Liebe und wird als eine Königin der Blumen verehrt. Rosen haben eine jahrtausendlange Geschichte, und man könnte mit deren Beschreibung ein ganzes Buch füllen.

Die Blume der Liebe wächst fast in jedem Garten und ist in jedem Blumengeschäft zu finden. Auch ich liebe die Rose sehr. In meinem Garten verzücken mich nicht nur die Edelrosen, sondern auch meine verwunschene Wildrosenhecke mit ihrem einzigartigen Duft. Aus mangelnder Pflege konnte sich eine meiner Kletterrosen von einer veredelten Zuchtrose wieder in eine Wildrose verwandeln. Zuerst war ich nicht erfreut, aber dann habe ich alle Triebe wachsen lassen und nun bin ich begeistert.

Die Rose wird wegen ihres Duftes und ihrer ausdrucksvollen Schönheit und Farbenpracht geschätzt, ja beinah regelrecht verehrt. Sie ist nicht nur eine der ältesten, sondern auch eine der beliebtesten Kulturpflanzen, an der sich alle sehr erfreuen.

„Der Duft der Rose nimmt dich in einen süßen Bann…"
HERMANN HESSE

Der Duft einer schönen Rose hat etwas Unbeschreibliches, er berührt unser Herz und hat eine ganz besondere Wirkung auf unseren Körper.

Die Rose inspiriert und zieht die Menschen schon seit der Antike in ihren Bann. Rosen spielen in einer Vielzahl von Sagen, Legenden und Märchen eine Rolle, wie zum Beispiel in „Dornröschen" und „Schneeweißchen und Rosenrot". Ihnen wurden viele Lieder und Gedichte gewidmet.

Schon Goethe (1749-1832) war ein großer Rosenliebhaber. Rosen begleiteten den Dichter, Naturfreund und Blumenliebhaber durch sein ganzes Leben, in einem seiner Gedichte brachte er seine Liebe zur Rose zum Ausdruck „Als Allerschönste bist du anerkannt, bist Königin des Blumenreichs genannt….". Eine ganz besondere Rosenzüchtung trägt den Namen „Johann-Wolfgang-von-Goethe-Rose", scheinbar ist sie dem Blumenliebhaber gewidmet. An dieser besonderen Duftrose erfreue ich mich auch jedes Jahr in meinem Garten.

Aber auch Hans Christian Andersen widmete sich beispielsweise in „Der Rosenelf", „Eine Rose von Homers Grab" und „Die schönste Rose der Welt", der besonderen Blumenkönigin.

Die Rose inspirierte schon zu frühen Zeiten viele Menschen. Heinrich Heine (1797-1856) schrieb das Liebesgedicht „Der Schmetterling ist in die Rose verliebt" und Friedrich Nietzsche (1844-1900) verfasste das Gedicht „Meine Rosen". Paracelsus (um 1493- 1541) schrieb: „Das Herz und die Rose sind das einzig Unvergängliche", und Hermann Löns (1866-1914) verfasste einige Rosengedichte und die Zeilen: „Auf meinem Grabe sollen rote Rosen stehn, die roten Rosen, die sind schön."

Die Rosen (Rosa) gehören zur Familie der Rosengewächse (Rosaceae), in Gärten sind sie beinah auf der ganzen Welt verbreitet, die Hecken-Rose (*Rosa corymbifera*) ist dagegen eine in Europa heimische Wildrosenart. Die Blumen beginnen mit der Blüte im Lauf des Monats Juni und blühen dann bis zum Spätherbst, meist bis zu den ersten Nachtfrösten.

Botanisch gesehen haben die Rosen gar keine Dornen, wie oft in der Litera-

tur, z. B. im Märchen von Dornröschen, beschrieben wird, sondern Stacheln! Dornen entstehen aus dem Holz, Stacheln hingegen sind Auswüchse der Haut (z. B. Rinde). Ein Stachel lässt sich leicht als Ganzes abstreifen, die Entfernung eines Dorns ist in der Regel schwieriger und reißt auch immer etwas aus der Pflanze heraus. Dornröschen müsste eigentlich „Stachelröschen" heißen.

Es gibt eine Vielfalt von verschiedenen Rosensorten und jede verzaubert uns auf ihre Weise:

- die niedrigbuschigen Beetrosen mit ihren großen Dolden
- die aufrecht stehenden Edelrosen mit ihren großen Einzelblüten am langen Stiel
- die Zwergrosen mit ihren kleinen Büten in strauchförmiger Wuchsform
- die großen Strauchrosen, aufrecht wachsend in einer Höhe bis 2m und höher
- die Kletterosen, die gerne an Kletterwänden hochranken
- die Wildrosen, die oftmals als Hecke gepflanzt werden
- die Englischen Rosen, mit ihrem Formen- und Farbreichtum und wunderschönen Blüten

Ein Rosenzüchter berichtete mir, dass es über 30.000 Züchtungen von Edelrosen geben soll. Wandelt man durch seinen Rosenhof, kann man sich an einer kleinen, aber sehr vielfältigen Auswahl dieser Schönheiten erfreuen.

Die Rose kommt ursprünglich aus Persien, wo eine Vielzahl von Rosenarten wächst. Von dort aus soll sie erst in den Mittelmeerraum und später von den Römern auch nach Mitteleuropa gebracht worden sein. Im antiken Griechenland und in Rom war die Rose sowohl wegen ihres Duftes als auch wegen ihrer Heilwirkung sehr beliebt.

Francis Meilland ließ sich am Cap d'Antibes (Südfrankreich) nieder, er ging in die Rosengeschichte ein, da er 1954 die wohl weltbekannteste Schnittrose „Baccara" in den Handel brachte. Jährlich findet im Mai in Grasse in der Villa Fragonard ein ganz besonderes Rosenfest statt. Beeindruckende Bouquets mit 300 -600 Rosen bezaubern mit ihrer Schönheit. Man braucht aber nicht nach Frankreich zu fahren, um Rosen zu bestaunen, auch in Deutschland gibt es in Bad Nauheim ein Rosenmuseum.

Ein Rosenliebhaber erzählte mir, dass man in den Rocky Mountains sogar Rosenblätter-Fossilien gefunden haben soll, die auf ein Alter von 35 Millionen Jahren geschätzt wurden.

Im Kult der römischen Liebesgöttin Aphrodite galt die Rose als eine Fruchtbarkeit steigernde Pflanze.

Die Rosen sind nicht nur schön anzusehen, sondern verbreiten einen betörenden Duft. Mit den Rosenblüten und Hagebutten, den vitaminreichen Früchten der Wildrosen, lassen sich viele sinnliche Köstlichkeiten zaubern, wie beispielsweise Rosenlikör, Rosenmarmelade oder Gelee und auch die Hagebuttenmarmelade. Im Orient werden Süßspeisen mit den duftenden Blättern der Rose aromatisiert und gewürzt.

Wenigen ist bekannt, dass die Rose auch eine Heilpflanze ist. Die Rose findet in der Naturheilkunde, der Aromatherapie und in der Naturkosmetik Verwendung.

Die Rose wird wegen ihres Wohlgeruchs sehr geschätzt. Die Essenz der „Rose centifolia" wird durch ein aufwendiges Verfahren gewonnen und man erhält das sogenannte „Rose absolute", das eines der teuersten ätherischen Öle der Welt sein soll. Es geht die Sage um, dass im Altertum Rosenöl mit Gold aufgewogen worden sein soll. Aus 3 Millionen Rosenblüten entsteht 1 Liter Paradiesduft, so beschreibt es die Firma Weleda.

Rosenblüten verzaubern und lassen ein Rosenbad zu einem ganz besonderen Erlebnis werden. Ein Bad mit vielen roten Rosenblättern ist ein besonderes Erlebnis. Ich empfehle, dazu aber die ungespritzten Rosen aus dem Garten zu nehmen.

Hildegard von Bingen beschrieb die Anwendung der Rose: „… Und wer jähzornig ist, der nehme die Rose und weniger Salbei und zerreibe es zu Pulver. Und in jener Stunde, wenn der Zorn ihm aufsteigt, halte er es an seine Nase. Denn der Salbei tröstet, die Rose erfreut."(Physica 1-22/Quelle Hildegard-Gesellschaft). Der sinnliche, aber auch sehr intensive Rosenduft entspannt und beruhigt.

Die Rose ist etwas ganz Besonderes von ihrem Duft und ihrer Erscheinung her. Sie wirkt eben wie eine Königin, auch zwischen all den anderen Blumen.

Sie ist kräftig, dennoch mit einer weichen Ausstrahlung. Sie ist dornig und auch samtig zart. Sie zeigt sich uns aufrecht, mit einem gewissen Zauber und voller Gegensätze.

Die Rose lehrt uns, wie einfach es sein kann, gegensätzliche Eigenschaften in sich zu vereinen und so zu einer komplexen Harmonie zu verschmelzen – in ihrer einzigartigen Schönheit.

Sie zeigt uns, welche besondere, welch charismatische und kraftvolle Ausstrahlung es einem verleiht, im harmonischen Gleichgewicht – in Balance – zu sein.

Die Rose öffnet das Herz, sie wirkt harmonisierend auf unser Herz und unsere Energie. Rosen sind Sonnenkinder, und wo viel Licht ist, hat Dunkelheit wenig Raum. Sie erhellt unsere Stimmung und schenkt uns Lebensfreude. Dadurch kann sie trübe Gedanken vertreiben.

„Dass man an Rosen glaubt, das bringt sie zum Blühen", heißt ein Deutsches Sprichwort. Die Rose schenkt uns die Kraft, zu glauben und zu vertrauen, und sie trägt die Liebe in die Welt.

Die Rose lehrt uns, alle gegensätzlichen Eigenschaften zu vereinen. Sich trauen, die eigene Schönheit zu entfalten, sich wertvoll fühlen und sich der Welt voller Stolz zeigen. Den eigenen Wert schätzen und Wertschätzung teilen.

Warum sich nicht einmal als König oder Königin der Herzen fühlen?

Glauben und Vertrauen. Die Herzen öffnen, um die Liebe mitzuteilen und zu teilen, sie in die Welt hinauszutragen.

Liebe

Unser Heiligtum

Every part of the earth Is sacred to my people	Jeder Teil dieser Erde Ist meinem Volk heilig
We are part of the earth And she is part of us	Wir sind Teil der Erde Und sie ist ein Teil von uns
All things share the same breath All things share the same breath	Alle Dinge teilen den gleichen Atem Alle Dinge teilen den gleichen Atem
This we know, the earth Does not belong to us, We belong to the earth	Dies wissen wir, die Erde Gehört nicht nur uns Wir gehören der Erde

CHIEF SEATTLE, 1854

 Die Natur lehrt uns, liebevoll, achtsam und voller Respekt und Wertschätzung „Mutter Erde" und andere Menschen und Lebewesen zu behandeln.

Respekt

Unser größter Schatz = unsere Erde

Die Weissagung der Cree, von einem Indianervolk Nordamerikas formuliert, ist ein bekannter Spruch der amerikanischen und westdeutschen Umweltbewegung, der auf die Umweltproblematik aufmerksam machen sollte:
Only after the last tree has been cut down / Only after the last river has been poisoned / Only after the last fish has been caught / Then will you find that money cannot be eaten.

„Erst wenn der letzte Baum gerodet,
der letzte Fluss vergiftet,
der letzte Fisch gefangen ist,
werdet ihr merken,
dass man Geld nicht essen kann."

Der letzte Baum darf niemals sterben, und wenn wir unsere Erde lieben, dann sind wir verpflichtet, diese Liebe in die Welt hinauszutragen, um unsere „Mutter Erde" zu beschützen.
Die Natur lehrt uns, dass Geld und Reichtum nicht das größte Ziel im Leben sein darf.
Schätze der Natur und die eigenen inneren Schätze hüten und vermehren. Das ist wahrer Reichtum.

Dankbarkeit – meine Schlussbotschaft

Von der Natur lernen wir das Werden und Wachsen. Sie lehrt uns, dass Leben Veränderung und Wandel bedeutet.

Die Blume, die heute noch blühte, kann morgen schon verwelkt sein.

Nach jedem heftigen Regenschauer wird die Sonne wieder scheinen und man kann vielleicht sogar einen Regenbogen bestaunen. Auf jeden Fall wird sich nach der Dunkelheit auch wieder Licht zeigen.

Bei all dem, was war und ist, hat mich die Natur die Dankbarkeit gelehrt. Ich empfinde es als ein Geschenk, abends in den Sternenhimmel zu schauen. Für mich ist es etwas Normales. Aber wenn Freunde aus der Großstadt zu Besuch kommen, dann bestaunen sie den Nachthimmel mit den funkelnden Sternen. Sie erzählten mir, dass es in der Großstadt einfach zu hell sei und man dort die Sterne nicht sehen könne. Die Sterne sind etwas Wunderbares.

Wir Menschen nehmen viele Dinge manchmal als so selbstverständlich hin, dabei ist es für mich immer wieder wie ein kleines Wunder, die zarte Blume am Wegesrand zu entdecken, einen besonderen Stein oder eine Muschel aufzuheben und zu bestaunen, die reife Frucht am Baum zu sehen oder ein frisch geborenes Kälbchen auf der Wiese zu entdecken. Für mich war es einmal ein einzigartiges Erlebnis, das Erwachen eines Ameisenhügels durch die ersten warmen Märzsonnenstrahlen zu beobachten. Dabei sind doch genau diese Dinge wie kleine Wunder und das große Geheimnis der Schöpfung. Die Menschen fliegen zum Mond, können Leben retten und Organe verpflanzen und viele andere großartige Dinge tun. Aber bei all dem Großartigen, was ist mit dem Kleinen, Unscheinbaren, beinah Normalen? Ist es nicht einzigartig, wenn man ein gerade geborenes Lebewesen anschauen darf? Für mich ist es immer wieder ein kleines Wunder und diese „alltäglichen" Wunder lehren mich, in Dankbarkeit zu leben.

Dankbar darüber zu sein, was ist. Und nicht darüber sinnieren, was ich noch alles haben könnte.

Ich bin dankbar für das manchmal sehr einfache Leben, das ich führe. Ich habe schon vor langer Zeit beschlossen, meinen gut dotierten Beruf aufzugeben. Was auch bedeutete, finanziell kürzer zu treten. Aber mein größter Reichtum ist, dass ich lebe und das Leben genießen darf. Sicherlich mag Ihnen, liebe Leser, bei all den Botschaften in den Sinn gekommen sein, dass alles so leicht und locker klingt. Das ist das Leben, und auch mein Leben, bei weitem nicht immer. Ich habe in meinem Leben viele Rückschläge, auch im gesundheitlichen Bereich, einstecken müssen. Aber ich habe gelernt, Situationen anzunehmen, dankbar zu sein und nach vorne zu schauen. Das Leben geht weiter. Wann immer ich sinnbildlich von einem Sturm durchgeschüttelt wurde, wusste ich, die Naturgewalten besänftigen sich und bald ist alles wieder ruhig und entspannt. Und manchmal war der Sturm auch so heftig, dass ich mich wie ein Baum gefühlt habe, der beinah brechen oder umkippen würde. Es gab Tage, da dachte ich, ich würde den Glauben an das Gute im Leben und im Menschen verlieren. Es gab nicht immer nur positive Begegnungen mit anderen Menschen, aber dann kamen wieder die ganz besonderen Menschen, die mein Leben bereichert haben und noch bereichern. Ein Bekannter hat mir einmal in so einer Situation Folgendes gesagt: „Die höchsten Bäume bekommen immer am meisten ab."…. Ich musste darüber nachdenken, und heute weiß ich, ich bin gut verwurzelt. Und wann ich mal wieder so einen Sturm erlebe, dann fühle ich mich zwar manchmal noch immer wie seelisch aufgeweicht und durchgeschüttelt. So wie es auch der Baum macht, werfe ich dann einfach meine „alten Blätter oder Nadeln" (alte Muster) ab. Heute fühle ich mich gefestigt und gut verwurzelt und „wachse" durch die Herausforderungen im Leben einfach weiter. Ich bin offen für Neues im Abenteuer des Lebens.

Ich habe gelernt, dass ich selber dafür verantwortlich bin, welche Gefühle ich an mich heranlasse. Und meine größten Kritiker oder Menschen, die mich auf eine besondere Art und Weise herausfordern (den Sturm erzeugen), kann ich heute als Lehrmeister annehmen. Ich lerne durch sie für mein Leben, was nicht heißt, dass ich alles positiv sehe oder akzeptiere. Aber ich entscheide selber, wie ich mit den Emotionen umgehe. Ich habe gelernt, zuzuhören, anzunehmen und loszulassen – so wie der Baum die alten Blätter im Wind loslässt.

Das Leben ist spannend!

Wir leben in einer Zeit der Veränderung und draußen in der Welt gerät gerade einiges politisch und wirtschaftlich scheinbar aus den Fugen. Das „Wirtschaftswunder" der Nachkriegszeit, *alles immer besser, immer weiter und noch mehr,* hat auf eine gewisse Weise seine Grenzen erreicht. Was wollen wir noch erreichen? Das Bestreben, immer mehr zu erreichen und besser als andere zu sein – vermeintliche Konkurrenten auszustechen –, hat uns letztendlich auch nicht viel weiter gebracht. Eigenschaften wie zum Beispiel Stärke und Egoismus sind keine guten Garanten für ein Gemeinschaftsgefühl. Frans de Waal beleuchtet in seinem Buch „Empathie", warum es wichtig ist, sich im richtigen Moment lieber solidarisch und kooperativ zu verhalten, und was wir aus der Natur und dem Tierreich für unser Leben lernen können.

Die Erde, unsere Mutter Erde, mit all ihren Schätzen kann uns in Zukunft ihre Reichtümer für noch mehr wirtschaftliche Verbesserung nicht mehr zur Verfügung stellen. Schon zu viele Bäume werden täglich gefällt, zu viele Abwässer werden in die Flüsse und Meere geleitet, es wird zu viel Raubbau an der Natur betrieben.

Wenn Leben Veränderung bedeutet, dann sollten wir darüber nachdenken, wie wir unseren Kindern und Enkeln die Mutter Erde überlassen wollen.

Was ist, wenn wir alles erreicht haben, uns aber nicht mehr über die kleine Blume am Wegesrand freuen können? Was ist, wenn wir vor lauter Arbeit keine Zeit mehr haben, um die Schönheiten und Wunder der Natur zu sehen? Was nützt schon aller Reichtum, wenn wir die Bäume fällen, die uns ja letztendlich unser Leben schenken? Ohne Sauerstoff könnten wir nicht überleben. Früher waren Mensch und Natur eine Einheit, heute spürt man eher eine Art Dualismus. Der Mensch steht auf der einen, die Natur auf der anderen Seite. Aber wir gehören doch zusammen, wir sind doch eine Einheit.

Das Internet verbindet die Menschen weltweit miteinander. Wir müssen uns aber auch in unserem globalen Denken vernetzen, denn was auf der Welt geschieht, betrifft uns alle. Wir können einfach nicht mehr wegschauen. Der heftige Vulkanausbruch auf Island vor einiger Zeit hat mit seiner Asche beinah den ganzen Flugverkehr in Europa lahmgelegt, zum „Stillstand" gebracht. Die Natur lehrt uns auch, dass wir die Naturgewalten nicht beherrschen können. Wir sind von der Natur abhängig und innig mit ihr verbunden.

Ist es nicht an der Zeit, neue Wege zu gehen?

**„Wenn einer alleine träumt, ist es nur ein Traum.
Wenn viele gemeinsam träumen, ist es der Anfang
einer neuen Wirklichkeit."**
FRIEDRICH HUNDERTWASSER

In meinem Buch „Weisheiten der Schnüffelnasen – Botschaften der Hunde für uns Menschen" habe ich versucht zu beschreiben, warum ich mich nicht als eine einzelne Träumerin fühle:

„Akzeptanz, Toleranz und Respekt sollte nicht nur gegenüber den vierbeinigen Freunden, sondern auch gegenüber Menschen selbstverständlicher sein. Dies zu verstehen und zu leben lässt uns eine Gesamtheit und ein Leben in Liebe, Freude, Fülle und Erfülltheit erfahren.
Je mehr wir dies versuchen zu leben, desto mehr werden sich unsere Herzen öffnen und für eine neue, friedvollere Zeit und Welt sorgen.
Ja, ich glaube fest daran und es ist meine Vision.

„You may say I`m a dreamer,
but I`m not the only one."
JOHN LENNON

(Zitat aus „Weisheiten der Schnüffelnasen")

Meine Vision ist es, Botschaften für uns Menschen in die Welt hinauszutragen. Es ist mein kleiner Beitrag, um die Menschen zum Nachdenken anzuregen. Zu meinem Schnüffelnasenbuch habe ich das Projekt „Wertschätzung teilen- Empathie verbindet" auf www.hunde-weisheiten.de ins Leben gerufen. Ich bin gefragt worden, warum ich so etwas mache und was es mir finanziell bringen würde? Ob es nicht Zeitverschwendung sei? Für mich ist es kein Projekt der Langeweile (ich habe nie Langeweile!), sondern mein Anliegen ist es, mit anderen Menschen gemeinsam Wertschätzung zu teilen, so, als würde man ein kleines Lichtlein in die Dunkelheit senden. Viele kleine Lichter sorgen auch für Helligkeit. Es ist mein Beitrag für die Welt und ich habe mir keine Gedanken darüber gemacht, was es mir finanziell bringen könnte – und wer weiß, vielleicht entsteht ein ähnliches Projekt auch zu diesem Buch.

Zum Glück gibt es immer mehr Menschen, die sich von der Natur und ihren Schätzen angezogen fühlen. Die Sehnsucht nach Glück und Zufriedenheit wird immer größer und auch der Wunsch „zurück zur Natur".

Wichtig ist, Werte wie Empathie, Wertschätzung und Dankbarkeit zu leben und zu teilen – und all dies und noch vieles mehr können wir von der Natur lernen.
Wenn wir achtsamer werden, dann werden wir auch offener und unsere Sinne werden geschult. Wir werden sensibler und bewusster im Umgang mit der Natur, allen Lebewesen und mit uns selbst.
Lieben wir das Außen, fällt es leichter, auch unser Innen voller Dankbarkeit zu lieben.

Die Natur lehrt uns, Dankbarkeit zu empfinden und zu leben.
Die Natur ist unser größter Lehrmeister.

„Tritt heraus in das Licht der Dinge,
lass die Natur dein Lehrer sein!"
WILLIAM WORDSWORTH 1770-1850

Danksagung

„I`m on a healing journey	Ich bin auf einer heilenden Reise,
Traveling home to myself	Reise nach Hause, zu mir selbst.
A flower and a tree	Eine Blume und ein Baum
Are guiding me	führen mich.
A flower and a tree	Eine Blume und ein Baum
Are healing me	heilen mich.
A flower and a tree	Eine Blume und ein Baum
Are showing me	zeigen mir
Another way to see	eine neue Art, zu sehen
A simple way to be	und einfach zu sein.

AMEI HELM AUS HEALING JOURNEY

Ich danke allen Bäumen, Pflanzen, Blumen, Steinen und Lebewesen, denen ich bei all meinen Streifzügen in der Natur begegne. Sie lehren mich, *einfach nur zu sein* und den Moment auszukosten – sie sind meine Kraftquelle und mein Lebenselixier.

Ich danke Mutter Erde.
Ich danke der Mutter, die mich geboren hat.
Ich danke meiner „Heil-Mutter" Elisabeth Ingwersen. Sie hat mir geholfen, meinen Weg zum „Gesunden und Heilen" zu finden. Sie hat mir gezeigt, wie stark die Kraft der Natur mit ihren Pflanzen ist und welch kraftvolle Heilwirkung all die „Blütchen und Kügelchen" haben. Sie ist seit einigen Jahrzehnten meine Wegbegleiterin und ohne sie wäre ich sicherlich nicht mehr auf dieser wunderschönen Erde. Ich kann meinen Dank nicht in Worte fassen, nur mein Herz sprechen lassen.

Ich danke von Herzen Frank, er hat mir meine Augen für die Natur neu geöffnet, die ganz besonderen – manchmal winzig kleinen -Schätze der Natur zu sehen. Er zeigt mir die Einfachheit, die Schönheit und auch die raue Unvollkommenheit der Natur. Manchmal ist es eine große Herausforderung! Er war und ist ein toller Lehrmeister. Danke!

Ich danke meinem Sohn für die tollen Fotos und sein Naturverständnis und die Begabung, die Natur und Tiere mit seinem besonderen Blick festzuhalten. Wir haben schon viele tolle Projekte zusammen gemacht. Du bist so herrlich witzig, kreativ, einzigartig und genial!

Ich danke meinen vierbeinigen Begleitern und Wächtern, meinen Hunden. Ohne sie würde ich sicherlich nicht solch einsame Waldexkursionen machen.

Ich danke Gila Antara, sie hat mich auf eine ganz besondere Weise neu in Kontakt mit Mutter Erde gebracht und mir die heilenden Qualitäten von Mutter Erde und der Natur gezeigt. Ihre Lieder berühren mich zutiefst.

Danken möchte ich einem Heilpflanzenkundigen, dem ich einmal begegnet bin. Sein Name war Leonardo, er hat mir gezeigt, welch kostbaren Schätze und Heilpflanzen in unserem Garten wuchsen. Er hat mich mit dem Mond und seinen Kräften in Kontakt gebracht. Unsere Begegnung war kurz und dennoch intensiv.

Ein freudiges Lächeln erfüllt mich, wenn ich an meinen Freund Stuart aus Ibiza denken muss. Er hat mir gezeigt, wie einfach es sein kann, einfach zu leben. Ein Leben voller Lebensfreude, „outside the trapp"(so sagt er es als Engländer), aber verbunden mit den Elementen, reich, aber ohne finanziellen Reichtum.

Wenn ich an meine Kindheit zurückdenke, möchte ich meinem Opa danken. Er war der einzige aus der Familie, der wirklich naturverbunden war und seine Freizeit lieber in der Natur und seinem Garten verbrachte, als irgendwie seine Zeit zu vertrödeln. Er hat mir den Rhythmus der Natur erklärt und mir das Pflanzen, das Pflegen und das Ernten gelehrt.

Ich danke Chris Griscom für die Verbundenheit und gemeinsame Liebe zu den Sequoia-Trees (Mammutbäumen). Seit Jahrzehnten ist Chris eine Lehrmeisterin für mich, sie unterstützt die Menschen und ganz besonders die Kinder auf eine ganz besondere Art. Danke, Chris, für die wundervolle, gemeinsame Zeit im September 2012.

Dank an Lorenz Ingwersen und all die anderen Menschen mit ihren besonderen Begabungen und Beziehungen zu der Natur und den Tieren, die mich auf meiner „Heilreise" begleiten.

Ein herzliches Dankeschön an einige weitere wundervollen Helfer und Helferinnen, einige möchte ich noch einmal besonders erwähnen: Danke an Amei Helm vom Labyrinth Verlag „Wegbegleitung zum Herzen der Erde" für die Erlaubnis, die wundervollen Zeilen ihres Liedes „Healing Journey" abzudrucken, Fred Hageneder, Ethnobotaniker und Autor von „Der Geist der Bäume", für den Austausch, Herrn Becker vom Ginkgo-Museum Weimar für die fachliche Unterstützung, Gabriele Backhaus vom Institut für Persönlichkeitsentwicklung für weitere Informationen zur Findhorn Foundation (www.findhorn.org), Margret Madejsky von Natura Naturans für die Alchemillainformationen. Vielen Dank an Carsten für das Foto vom „Grizzly Giant". Ein liebevoller Dank an die Maiglöckchenfrauen Elke Mohrmann und Sigrid Benecke und deren Familie. Sie haben mich am Geheimnis des Maiglöckchenanbaus teilhaben lassen. Vielen Dank an Klaus Rehmers für das wundervolle Kunstwerk eines Eichenbaumes (Foto Baumgeist in Botschaft „Unsere Erde", die Eiche ist mit vielen weiteren Schnitzereien verziert worden). Klaus, du hast gezeigt, dass eine sterbende uralte Eiche nicht unbedingt gefällt werden muss, sondern die Menschen als ein einzigartiges Kunstwerk mit vielen Schnitzereien erfreuen kann. Danke auch an Herrn Johannes von Ehren für die wundervollen Zeilen zu dem Buch. Vielen Dank an Dr. Wolf-Dieter Storl, Ethnobotaniker, Kulturanthropologe und Autor, für den Austausch, die Unterstützung und die Zeilen auf der Buchrückseite.

Ein großer Dank geht an den wundervollen Verlag Via Nova. Eine „Trilogie" von „Die Weisheiten…" ist nun vollendet. Die „3" ist meine ganz persönliche Glückszahl, und das Buch erscheint zu einem ganz besonderen Zeitpunkt. Von Herzen danke ich dem ganzen Via-Nova-Team, insbesondere aber noch einmal meinem Lektor für Nachsicht, Verständnis und tolle Arbeit.

Ich danke allen Menschen, die sich bewusst für unsere Mutter Erde und ihre „grünen Kinder" einsetzen.

Von Herzen danke ich den Lesern dieser Botschaften und wünsche mir, dass sie diese Botschaften mit in die Welt hinaustragen.

Entdecken Sie die Natur und ihre Schönheiten mit offenen Augen, entdecken Sie das Besondere in seiner Einfachheit und schätzen Sie unsere „Mutter Erde" und die Natur.

Gemeinsam kann man viel erreichen! „Wertschätzung teilen – Empathie verbindet ".

Herzlichst Sabina Pilguj

Die meisten haben es schon gegessen, doch wer kennt eigentlich diese Blüte? (Auflösung auf Seite 156)

154

Literaturhinweis

Aschenbrenner, Eva: *Die Kräuterapotheke Gottes.*, Verlag Franckh-Kosmos, Stuttgart,2010, 10. Auflage.

Becker, Heinrich-Georg: *Mythos Ginkgo.* Buch Verlag für die Frau GmbH, Leipzig, 2006.

Bingen von, Hildegard: *Heilwissen, Causae et Curae.* Pattloch, Augsburg, 1997, 3. Auflage.

Bingen von, Hildegard: Das kleine Buch vom Lavendel. Benno Verlag, Leipzig, ohne Jahreangabe.

Chao-Hsiu Chen: *Vom Glück mit Blumen zu leben.* ars Edition, München, 2002.

De Waal, Frans: *Das Prinzip Empathie.* Hanser Verlag, München, 2009.

Evelegh, Tessa: *Vom Zauber des Lavendels.* Kaleidoskop-Buch im Christian Verlag, München, 2000.

Fuchs Leonhart; Dobat, Klaus; Dessendörfer, Werner: Das Kräuterbuch von 1543, Taschen Verlag, Köln,2001.

Gehirn und Geist, Nr. 5/2011, Spektrum der Wissenschaft, Heidelberg, 2011.

GEO Special, 1/2013, Gruner und Jahr Verlag, Hamburg, 2013.

Gibran Khalil: *Der Prophet.* Deutscher Taschenbuchverlag, München, 2003.

Hawken, Paul: *Der Zauber von Findhorn.* Rororo Rowoldt Verlag, Hamburg (meine Ausgabe von 1985).

Hageneder, Fred: *Die Weisheit der Bäume.* Verlag Franckh-Kosmos, Stuttgart, 2009.

Hageneder, Fred: *Geist der Bäume.* Verlag Neue Erde GmbH, Saarbrücken, 2008.

Heart Bear: *Der Wind ist meine Mutter.* Bastei Lübbe Verlag, Köln, (30. Mai 2000).

Helm Amei: *Healing Journey.* Labyrinth Verlag, Hildesheim, 2001.

Hensel, Wolfgang: *Welche Heilpflanze ist das?* Verlag Franckh-Kosmos, Stuttgart,2011.

Hesse, Hermann: *Bäume.* Insel Taschenbuch, Suhrkamp Verlag, Frankfurt, 1984.

Kästner, Erich: *Das Erich Kästner Lesebuch*. Diogenes Verlag AG, Zürich, 1978.

Kaiser, Rudolf (Herausgeber): *Die Erde ist uns heilig. Die Reden des Chief Seattle und anderer indianischer Häuptlinge*. Herder Verlag, Freiburg, 1996.

Kiedrowski, Rainer: *Bäume*. Natur Buch Verlag, Augsburg, 1998

Kothmann, Heike: *Beinwell – Wirkungsgeschichte und Bedeutungswandel einer Heilpflanze*. Dr. Kovac Verlag, Hamburg, 2003.

Kremer, Buno P.: *Bäume*. Die farbigen Naturführer, Mosaik, München, 1984.

Küster, Hans Jörg: *Kleine Kulturgeschichte der Gewürze*. C.H. Becke Verlag, München 1997.

Laudert, Doris: *Mythos Baum*. BLV Buchverlag, München, 2004.

Madejsky, Margret: Alchemilla. Goldmann Verlag, München, 2006, 4. Auflage.

Madejsky, Margret: *Lexikon der Frauenkräuter*. AT Verlag, München, 2008.

Pahlow, Mannfried: *Das große Buch der Heilpflanzen*. Gräfe und Unzer Verlag, München, 1997.

Scheppach Joseph: *Das geheime Bewusstsein der Pflanzen*. Droemer Verlag, München, 2009.

Seidel, Britta: In der Zauberwelt der Rosen. Husum Druckverlag, Husum, 2009.

Servan-Schreiber, David: *Die Neue Medizin der Emotionen*, Goldmann Verlag, München, 2006.

Sing, Satya; Hageneder, Fred: *Baumyoga*, Neue Erde GmbH, Saarbrücken, 2006.

Storl, Wolf-Dieter: *Kräuterkunde*. Aurum im Kamphausen Verlag, Bielefeld, 2011.

Storl, Wolf-Dieter: *Pflanzen-Devas*. Knauer Verlag, München, 2010.

Storl, Wolf-Dieter: *Ich bin ein Teil des Waldes*. Heyne Verlag, München, 2008.

Treben, Maria, Gesundheit aus der Apotheke Gottes, Ennsthaler Verlag, 2011, Gmunden, 91. Auflage.

Thomsen, Evely, Die Heilkraft der Rosen. Seehamer Verlag, Weyarn, 2002

Vieht, Harald: *Hamburger Bäume 2000*. Vieht Verlag, Hamburg, 2000.

Anmerkung: Die Blüte auf Seite 154 ist eine Kartoffelblüte.

Über die Autorin:

Sabina Pilguj ist Yogalehrerin, psychotherapeutische Heilpraktikerin und Tierpsychologin (ATN). Als Dozentin versteht sie es, mit ihrer authentischen Präsenz die Menschen aus ihrem Herzen zu erreichen. Als »Stress-in-Balance-Coach« und Yogalehrerin unterstützt sie Menschen, zu einem achtsamen und entspannten Leben zu finden. Sie ist Autorin mehrerer Bücher u.a. von »Weisheit auf Samtpfoten«, »Weisheiten der Schnüffelnasen« (Verlag Via Nova).

Weitere Bücher aus dem Verlag Via Nova:

Weisheit auf Samtpfoten
Die Botschaft der Katzen
Sabina Pilguj

Geschenkbuch, Hardcover, 112 Seiten, ISBN 978-3-86616-131-3

Katzen wurden bereits im alten Ägypten vergöttert. Sie strahlen etwas Geheimnisvolles, ja sogar Magisches aus. Sie schlafen bis zu zwanzig Stunden am Tag, aber die restliche Zeit sind sie ganz und gar da, leben im Hier und Jetzt. Wenn sie schnurren, versetzen sie den Menschen in eine zärtliche Schwingung der Zuneigung und der Liebe. Sie verkörpern nicht nur Anmut und Schönheit, sondern auch eine besondere Art zu leben. Genau von dieser besonderen Lebensart können Menschen sehr viel lernen. Die Autorin geht in ihrem Büchlein der Faszination nach, die von einer Katze ausgeht, und überträgt ihr Verhalten auf die Menschen.Am Ende einer jeden Beschreibung der Verhaltensweisen von Katzen, wie z.B.Vertrauen, Entschlossenheit, Entspannung, Lebensfreude, bedingungslose Liebe, Hingabe, formuliert die Verfasserin dann daraus sich ergebende, für den Menschen konkret anwendbare Lebensweisheiten.

Weisheiten der Schnüffelnasen
Botschaften der Hunde für uns Menschen
Sabina Pilguj

Hardcover, 144 Seiten, 40 farbige Fotos, ISBN 978-3-86616-194-8

Die Autorin beschreibt in kurzgefassten Kapiteln ihre Beobachtungen und Erfahrungen mit Hunden und bezieht diese vergleichend auf menschliches Verhalten. Sie macht – nicht nur Hundeliebhabern – bewusst, dass Hunde treu, liebevoll, wahrhaftig, wachsam und entschlossen sind, Lebensfreude vermitteln und den Menschen gut tun, sogar menschliche Heilprozesse fördern. Dieses mit vielen farbigen Fotos anschaulich gestaltete Buch regt den Leser an, über sein und allgemein menschliches Verhalten nachzudenken und seine Einstellungen und sein Handeln entsprechend zu ändern, um bewusster, friedvoller, glücklicher, erfüllter zu leben.

Kinder fördern mit täglichen Denkanstößen
Mutmachende Impulse und Lebenshilfen für jeden Tag
Sabina Pilguj

Hardcover, 400 Seiten, ISBN ISBN 978-3-86616-147-4

Dieses Buch bietet Kindern zwischen 4 und 13 Jahren für jeden Tag des Jahres eine wertvolle Botschaft, die sie selber lesen oder sich vorlesen lassen können. Jeder Tag bekommt so sein eigenes wertorientiertes Motto, seine ganz besondere Bedeutung und Prägung. Die einzelnen Texte sprechen die Kinder direkt an, sie fördern ihre Kreativität und soziale Integration, aber auch innere Ruhe und Konzentration, vermitteln kindgemäß wichtige innere und soziale Werte, Kenntnisse und Fähigkeiten, insgesamt eine optimistische Lebenssicht, Vertrauen, Zuversicht und Liebe, um mit Mut, Tatkraft und Freude das tägliche Leben zu bewältigen.

Heilpflanzen als Weg-Begleiter

Wirkweise der Farben und Jahreszeiten, Wissen der Völker, Heilende
Anwendungen, Heilpflanzen im Spiegel der Mythen und Märchen
Hilla Hatzfeld

Hardcover, 352 Seiten, 94 farbige Fotos, ISBN 978-3-86616-245-7

Dieses Buch ist ein wichtiges Werkzeug, um ein tieferes Verständnis für die
Heilkräfte der Pflanzen zu wecken. In der Betrachtung der Pflanzen und
ihrer heilenden Wirkung kann der Mensch seine eigenen körperlichen und
geistig-seelischen Zustände erkennen, die der Heilung bedürfen. Dabei helfen Pflanzenporträts, ein praktischer Übungsteil, Signaturenkunde, Acht-
samkeitsübungen und Hinweise zur Wahrnehmung der tieferen Lebenskräf-
te der Pflanzen. Die Bedeutung der Farben und die Einbindung der Pflanzen
in den Jahresrhythmus, die Beschreibung der möglichen Heilanwendung sowohl als Rezeptur als auch
als Heilwirkung für Geist und Seele vertiefen die Aussagen des Buches. Vielfältige Anregungen für die
vegetarische Küche machen Lust, Alt-bewährtes auszuprobieren und neue Kreationen zu entdecken.
Alte Mythen und Märchen und das darin enthaltene Wissen der Völker um die heilenden Wirkungen
der Pflanzen vertiefen die Verbundenheit mit allem Gewesenen und Kommenden.

Vom Segen der Dankbarkeit

Was dich wirklich glücklich macht
Angeles Arrien

Paperback, 176 Seiten, ISBN 978-3-86616-262-4

Dankbare Menschen, so haben Studien ergeben, sind zufriedener, mehr mit
sich im Einklang, sie leben länger, spüren mehr Freude, Liebe und Glück. Aber
wie wird man dankbar? Angeles Arrien weist einen völlig neuen Weg: Im
Einklang mit der Natur, Monat für Monat, nimmt sie den Leser an die Hand
und führt ihn – begleitet von Übungen, Meditationen und Praktiken aus den
spirituellen Traditionen der Welt – in ein neues Erleben der Wirklichkeit. Ein
echtes Arbeitsbuch, ein Buch, mit dem man lernt, Dankbarkeit in alle Berei-
che des eigenen Lebens zu bringen – in Beruf und Finanzen, in Liebes- und
andere Beziehungen, in Gesundheit, Ernährung und Spiritualität.

Lachen, Singen, Tanzen

Heilkräfte wecken durch Lebensfreude
Peter Keller

Geschenkbuch, Hardcover, 192 Seiten, ISBN 978-3-86616-249-5

Der bekannte Autor zeigt uns in seinem neuen Buch, wie wir den Stress
besiegen und vermeiden können, der als großer Energieräuber die Ursache
vieler Krankheiten ist. Mit LST, Lachen, Singen und Tanzen, und der damit
verbundenen inneren Einstellung und Bewegungen überwand er seine als
unheilbar diagnostizierte Krankheit und schreibt daher auch aus eigener
Erfahrung. Er legt dar und macht bewusst, dass jeder Mensch über innere
„Drogen", sog. Glückshormone, verfügt, die auf einfache Weise geweckt
und heilsam genutzt werden können. Alle Urvölker wendeten bereits diese
Mittel zur Selbstheilung und zur Gesundung von Körper, Geist und Seele an. Sie wirken auch noch
heute.

Das Buch der Selbstheilung
Mit Imagination die inneren Potentiale stärken und entfalten
Heilsame Übungen für die Reise nach innen
Alexandra Kleeberg

Paperback, 352 Seiten, ISBN 978-3-86616-244-0

Die Autorin komponiert Selbstheilungstechniken aus verschiedenen Kulturen und Zeiten in einen für uns heutige Menschen entwickelten Kanon der Heilung: Wo die Energie den heilenden Vorstellungen, den inneren Bildern folgt, verwirklicht sich Gesundheit im Körper. Auf spielerisch leichten und tiefgründig weisen Pfaden werden die Leser/Innen durch das Kraftfeld der Imagination geführt. Sie können eintauchen in das Meer unendlicher Möglichkeiten und Heilung erlangen. Mit Exkursen in die Welt der Forschung und der Einbeziehung der Archetypen von C.G. Jung, mit einer begeisterten Beschreibung der wichtigsten gesundheitsfördernden Grundeinstellungen, mit bunten Imaginationen und vielen praktischen Übungen werden Verstand, Seele und Körper ganzheitlich aktiviert, damit sich Selbstheilung vollzieht. Schon beim Lesen kann Heilung beginnen.

Karten der Selbstheilung
Illustrationen von Petra Kühne
Chuck Spezzano

100 farbige Karten mit Begleitbuch (240 Seiten), ISBN 978-3-86616-209-9

Die Karten der Selbstheilung sind eine große Hilfe, denn sie geben jedem die Möglichkeit, unterbewusste Muster zu erkennen und aufzulösen, die oft Ursache von Krankheiten und Problemen sind. Die Karten der Selbstheilung sind nach bewährter Manier in fünfzig positive und fünfzig negative Karten unterteilt, und wie schon bei den Karten des Lebens und den Karten der Partnerschaft hat die Künstlerin Petra Kühne wunderbare kleine Kunstwerke geschaffen, die die Aussagen der Karten mit Leben erfüllen. Ein Begleitbuch erläutert die Bedeutung der Karten, macht Vorschläge für mögliche Legungen und stellt zudem heilende Übungen vor, die helfen, die Ursachen von Krankheiten und Problemen zu erkennen und aufzulösen.

Im Einklang mit sich und der Welt leben
Die Kräfte der Natur nutzen für mehr Lebensqualität
Urs-Beat Fringeli

Paperback, 208 Seiten, ISBN 978-3-86616-179-5

Erprobte, praktische Übungen, lebensnahe Anregungen und Tipps helfen dem Leser, in sich geistige Lebens- und Heilkräfte zu entwickeln und sein Leben im Frieden mit sich und seiner Mitwelt zu gestalten. Die wachsende Sensibilisierung für Nachhaltigkeit und Schutz unserer Erde weckt in vielen Menschen das Bedürfnis, etwas konkret dafür zu tun. Dieses Buch vermittelt ein ganzheitliches Welt- und Menschenbild, eine neue „Spiritualität der Natur", die den Menschen wieder stärker in Natur und Kosmos einbindet, ihm Tatkraft, Gesundheit, Harmonie und Lebensfreude, mehr Lebensqualität schenkt.